黄鳍鲷生态高效养殖

区又君　李加儿　编著

海洋出版社

2023年·北京

图书在版编目（CIP）数据

黄鳍鲷生态高效养殖 / 区又君, 李加儿编著. — 北京 : 海洋出版社, 2023.6
ISBN 978-7-5210-1121-0

Ⅰ. ①黄… Ⅱ. ①区… ②李… Ⅲ. ①黄鳍鲷－鱼类养殖－生态养殖 Ⅳ. ①S965.231

中国国家版本馆CIP数据核字(2023)第086797号

责任编辑：杨　明
责任印制：安　淼

海洋出版社 出版发行
http://www.oceanpress.com.cn

北京市海淀区大慧寺路 8 号　　邮编：100081
鸿博昊天科技有限公司印刷　　新华书店北京发行所经销
2023年6月第1版　　2023年6月第1次印刷
开本：787mm×1092mm　　1 / 16　　印张：10.75
字数：175千字　　定价：60.00元
发行部：010-62100090　　总编室：010-62100034
海洋版图书印、装错误可随时退换

前　言

黄鳍鲷*Sparus latus* Houttuyn属鲈形目、鲷科、鲷属。又名阔黑鲷、黄鳍棘鲷，广东俗称黄脚鲹、黄丝鲹、黄鲹鱼、黄墙，福建俗称黄翅，我国台湾俗称乌鲹、赤鳍仔。该鱼肉质鲜美，营养价值较高，口感极佳，向来被港、澳、穗、深等地市场视为高值的海鲜品种，深受粤、港、闽、桂沿海地区居民喜爱，有"海底鸡项"之称。幼苗经过驯化后可放养于淡水，是海淡水养殖的优质鱼种之一。近30多年来，开拓了海水和半咸淡水精养。深圳、珠海、香港等地进行了网箱养殖，东莞、番禺、珠海等地则先后开展连片池塘养殖。在福建漳浦和东山、广东沿海的汕头等地均有人工养殖。

种业是水产行业的基础与核心。我国政府大力推动"以养为主"的产业发展方针，到2021年水产养殖产量占水产品总产量的80.63%，不仅解决了"吃鱼难"问题，还增加了收入，促进了脱贫，带动了就业。这一骄人的成绩很大程度上得益于水产种业科技的进步。国家已将种业作为"十四五"农业科技攻关和农业农村现代化的重点任务来抓，加强种质资源保护和利用，加强种子库建设，有序推进生物育种产业化应用，首要工作就是本土种质资源的挖掘保护和利用。黄鳍鲷属于地方特色鲜明的物种，在我国东南沿海已有近百年的养殖历史，可供养殖的区域辽阔，是深受欢迎的养殖品种。开发黄鳍鲷的高效生态养殖新技术，符合国家产业政策和行业发展规划，在渔业生产中将会发挥重要作用，同时，也有利于保护黄鳍鲷的种质资源。

为了更好地将水产领域的科研成果转化成实用技术，服务于我国的水产事业，特编著本书。本书共分为六章，在总结了多年以来作者和国内外同行进行的黄鳍鲷研究和实践资料的基础上，按养殖过程的顺序，系统地介绍了黄鳍鲷的养殖发展、养殖场地、种苗繁育、成鱼养殖、病害防控、收获、运输与质量要求等内容。全书内容翔实，图文并茂，深入浅出，理论联系实际，与生产紧密结合，科学性、技术性、可操作性强，符合水产养殖业一线需求。适合水产养殖科技人员、基层养殖人员、基层水产技术推广人员使用，也可供各级渔业行政主管部门的科技人员、管理干部和有关水产院校师生阅读参考。图书出版后能基本满足生产一线人员的培训和学习需要。限于编著者的学识水平，书中的错漏和不妥之处在所难免，敬请广大读者批评指正。

在黄鳍鲷的研究过程中，参与了部分研究工作的有（按论文发表年份）：李希国、刘匆、王永翠、苏慧、曹守花、刘汝建等，在此对他们的辛勤工作和贡献深表谢意。同时，向本书所引用的文献资料作者表示感谢。

目 录

第一章 黄鳍鲷的养殖发展

第一节 黄鳍鲷的经济价值

鲷科鱼类属于硬骨鱼纲，鲈形目，热带及温带的沿海均有分布，是世界性鱼类。据现有资料记载，鲷科鱼类是我国东南沿海底拖网渔业捕捞的四大科属鱼类（丁、三、线、立）之一，其中"立"即鲷科鱼类。鲷科鱼类产量大，产期长，且肉质鲜美，外形美观，也是唯一能在我国的黄渤海、东海、南海及台湾海峡广泛养殖的优质经济鱼类。据《2022中国渔业统计年鉴》，2021年国内鲷鱼养殖产量为13.09万吨，在11大类海水养殖鱼类的产量中名列第五位。捕捞产量为12.78万吨，位居26大类海水捕捞鱼类产量第七。

第二节 黄鳍鲷的生物学

一、分类地位

黄鳍鲷（*Sparus latus* Houttuyn）（图1-1），又名黄鳍棘鲷、黄鳍黑鲷、阔黑鲷等，广东俗称黄脚鲅、黄丝鲅、黄鲅鱼、黄墙，福建俗称黄翅，我国台湾俗称乌鲹、赤鳍仔。英文名：yellowfin seabream，yellowfin porgy，black seabream等。分类学地位隶属鲈形目Perciformes、鲷科Sparidae、鲷属*Sparus*。

图1-1 黄鳍鲷（*Sparus latus* Houttuyn）

二、形态特征

1. 鲷科鱼类的形态特征

根据伍汉霖等（1999）编著的《拉汉世界鱼类名典》，全世界共有鲷科鱼类34属130种，分布于我国的鲷科鱼类有6属。

鲷科鱼类体呈卵圆形或椭圆形，侧扁。头大或中大，上枕骨脊发达，额骨分离或愈合。吻短钝。口小，前位。上颌可伸出。上颌骨大部分或全部被眶前骨遮盖。牙强，两颌前端具犬牙、圆锥牙或门牙，两侧具臼齿或颗粒状牙；犁骨（除犁齿鲷属外）、腭骨及舌上均无牙。鳃孔大。鳃盖骨后缘具一扁平钝棘。鳃盖膜分离，不与颊部相连。鳃盖条5~7。具假鳃。鳃耙不发达。体被弱栉鳞或圆鳞，颊部和头顶部具鳞。背鳍1个，鳍棘部与鳍条部连续，中间无缺刻，鳍棘粗壮。臀鳍具3鳍棘，第二鳍棘一般最强。胸鳍尖长，下侧位。腹鳍胸位，具1鳍棘、5鳍条。尾鳍分叉。一般具幽门盲囊4个。鳔简单。椎骨10+14=24个。

2. 鲷属鱼类的形态特征

鲷属现有8种，分布在我国的有5种。

鲷属鱼类体椭圆形，侧扁。头中大，前端稍尖；左右额骨分离。后鼻孔裂缝状。口中大，稍斜。上下颌前端具犬牙或圆锥牙4~6枚，两侧具臼齿3行以上，后方臼齿不肥大。前鳃盖骨边缘光滑；鳃盖骨具一扁平钝棘。具假鳃。鳃耙粗短。体被中大圆鳞或栉鳞，颊鳞5~7行。背鳍一个，鳍棘部与鳍条部中间无缺刻，具11鳍棘、11鳍条。臀鳍具3鳍棘、8鳍条，第二鳍棘颇强大，长于第三鳍棘。尾鳍分叉。

3. 鲷属的检索

依据《中国鱼类系统检索表》，将我国三种常见鲷属鱼类的检索列出如下。

1（2）侧线鳞51-54，侧线上鳞6-7（分布：渤海、黄海、东海、南海）……………………………………………黑鲷 *S. macrocephalus*（Basilewsky）

2（1）侧线鳞41-48，侧线上鳞4-5

3（4）侧线鳞41-46，侧线上鳞4；生活时，胸鳍与腹鳍暗黑色（分布：南海）…………………………………………………灰鳍鲷 *S. berda* Forskal

4（3）侧线鳞45-48，侧线上鳞5；生活时，胸鳍与腹鳍灰黄色（分布：南海）…………………………………………………黄鳍鲷 *S. latus* Houttuyn

4. 黄鳍鲷的形态特征

黄鳍鲷体呈长椭圆形，侧扁，背面狭窄，从背鳍起点向吻端渐倾斜，腹面圆钝，弯曲度小。背鳍Ⅺ-11，臀鳍Ⅲ-8，腹鳍Ⅰ-5，尾鳍17，侧线鳞45-48，侧线上鳞4-5，侧线下鳞11-13。体长为体高2.4～2.6倍，为头长3.2～3.4倍。头中等大，前端尖，头长为吻长2.7～3.3倍，为眼径3.8～4.8倍。吻尖。口中等大，几呈水平状，上下颌约等长，上颌后端达瞳孔前缘下方。前鳃盖边缘平滑，鳃盖后缘具一扁平钝棘。鳃耙6-7+8-9，甚短，其长约为眼径的1/6倍。

体被薄的弱栉鳞，头除眼间距、前鳃盖骨、吻端及颊部外均被鳞，颊鳞5行。背鳍及臀鳍鳍棘部有发达的鳞鞘，鳍条基部被鳞，侧线完全，弧形。

背鳍鳍棘强，以第四或第五鳍棘最长，背鳍起于腹鳍基的稍前方。臀鳍与背鳍鳍条部相对，第二鳍棘显著强大。

生活时体青灰而带黄色，体侧有若干条灰色纵走带，沿鳞片而行。背鳍、臀鳍的一小部分及尾鳍边缘灰黑色，腹鳍、臀鳍的大部及尾鳍下叶黄色。

三、黄鳍鲷的外部形态

为方便查阅，将黄鳍鲷外形（图1-2）及形态结构方面的部分术语简要说明如下。

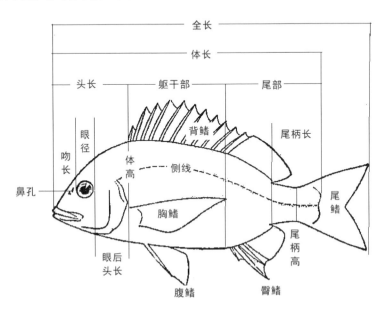

图1-2　黄鳍鲷的外形图

主要性状和术语

1. 全长：从吻端到尾鳍末端的直线长度。

2. 体长：从吻端到尾鳍基部最后一尾椎骨后缘的长度。

3. 头长：从吻端到鳃盖骨后缘的长度。

4. 吻长：眼前缘到吻端的直线长度。

5. 眼径：沿体纵轴方向量出眼的直径，即眼眶的前缘到后缘的直线距离。

6. 眼后头长：头在眼以后的长度，即从眼眶后缘到鳃盖骨边缘的长度。

7. 体高：身体的最大高度，通常采取背鳍起点处到腹面的垂直高度。

8. 尾柄长：从臀鳍基部后端到尾鳍基部、最后一尾椎骨后缘垂直线的距离。

9. 尾柄高：尾柄部分最低部位的高度。

四、黄鳍鲷的地理分布

黄鳍鲷广泛分布于34°～15°N，105°～137°E的红海、阿拉伯海、印度、印度尼西亚、朝鲜、韩国、日本（本州、四国和九州岛）、菲律宾、澳大利亚和我国的东南沿岸海域。我国广东省沿岸分布甚为普遍，在河口半咸水域亦有分布，也能上溯至淡水里。

五、生活习性

黄鳍鲷为浅海暖水性底层鱼类，一般个体体长200～300毫米，最大个体可达3.3千克。生活于近岸海域及河口湾，幼鱼生活水温较成鱼窄，生存适应温度为9.5～29℃，致死临界温度为8.8和32℃，生长最适温度为17～27℃，在18℃时的临界氧阈为2.3毫克氧/升。在（28.6±2.1）℃下，黄鳍鲷幼鱼的耗氧率随着体质量增长而有所降低（图1-3）。成鱼可抵抗8℃的低温，水温高达35℃也能生存。黄鳍鲷能适应盐度剧变，比重在1.003～1.035的水中都能正常生活。可由海水直接投入淡水，在适应一星期左右以后，又可重返海水，仍然生活正常。而在咸淡水中生长最好。当从极低盐度（比重1.003）水中投入高盐度海水（比重1.018以上）中时，可以看到由于渗透压急剧变化的关系，少数个体不能马上适应而失去平衡，呈死鱼的状态浮于水面不动，数十分钟后便能恢复常态，活跃游翔。

黄鳍鲷没有远距离的洄游习性，但有明显的生殖迁移行动。在产卵前约两个月，便从近岸或生活的咸淡水水域中向高盐的较深海区移动，这一过程约需两个多月，产卵后又重返近岸。南海近岸鱼群产卵适温范围为17～24℃，最适温度为19～21℃。每年10月至翌年1月为其生殖季节，产卵盛期为11—12月，1—2其稚鱼大量出现于港口及咸淡水交汇处。鱼塭纳苗，在1—7月均有不同规格及不同数量，但以1—2月为最高峰。

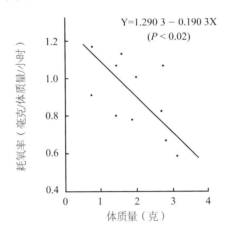

图1-3 黄鳍鲷幼鱼体质量与耗氧率之间的关系（引自李加儿等，1985）

曲线游泳能力测定结果表明，体长3.5～4.8厘米的黄鳍鲷幼鱼实测耐久时间为66.8分钟；游泳能力指数为147.3（周仕杰等，1993）。视觉运动反应实验结果：在10^2勒克斯下，黄鳍鲷幼鱼的反应率为27次/秒。明暗视过渡照度值为$10^{-2}～10^{-1}$勒克斯（何大仁等，1985）。

六、食性、摄食与消化酶

1. 食性

黄鳍鲷的食料生物有长尾类、瓣鳃类、鱼类、底栖端足类、后鳃类、多毛类、底栖海藻类、蛇尾类、短尾类、毛颚类、头足类、口足类和纽虫13个类群。依据对出现频率百分比组成、质量百分比和个体数百分比指标的综合分析，显然长尾类和瓣鳃类最为重要，其次是鱼类、底栖端足类、后鳃类、多毛类和底栖海藻类。生态类型划分食料生物组成，黄鳍鲷食料生物生态类型组成，不论出现频率百分比组成，质量百分比和个体数百分比都是底栖生物为主，其次是游泳生物，由此可见，黄鳍鲷属于底栖生物食性类型的底层鱼类。

黄鳍鲷的消化器官结构与其食性相互适应，幼鱼倾向杂食性（肉食性兼底栖海藻类）比肠长（即肠长占体长的百分比）较大；成鱼转为肉食性，比肠长变小（表1-1）。

表1-1 黄鳍鲷肠长与体长之比

体长（毫米）	101~120	121~140	141~160	160~180	181~200	201~220	221~240	241~300
尾数	7	30	79	27	5	18	13	4
比肠长（%）	100.0	98.8	98.1	93.9	88.7	88.6	87.1	85.8

（引自张其永等，1991）

2. 摄食

黄鳍鲷的食饵要求不严格，杂鱼虾、花生饼、豆粉、麦糠等都是养殖该鱼的良好饵料。有些养殖者，以杂鱼、豆粉、羊肝、面粉、麦糠和苜蓿等外加一些必要的维生素和无机物配制成颗粒饵料投喂效果良好。黄鳍鲷生性较凶，仔鱼时期同类之间常因饥饿争食而相互残斗造成伤亡。此鱼不成群结队游泳，而是各自在底层或近底层水体觅食。每当初夏，水温回升到17℃以上时，摄食量开始增加，食物充塞指数常在60以上，水温回升到20℃以上时，其摄食活动最频繁，一般在黄昏前其摄食活动最强，下半夜很少或暂停摄食，天气恶化如刮风下雨时也停止摄食，并喜欢隐栖在海底的石头等物体旁边，较少活动。

光照强度对黄鳍鲷仔鱼摄食轮虫的影响极为显著。黄鳍鲷仔鱼摄食的适宜光照度范围为100~500勒克斯光照区，太高或过低的光照影响会抑制仔鱼的摄食活动（表1-2）。

表1-2 黄鳍鲷仔鱼在不同照度下的平均摄食

个/尾

光照强度E（勒克斯）	摄食时间（分钟）				
	10	20	40	70	100
1 500	4.9	6.4	23	23.5	19.8
1 000	8.7	16.6	20.5	21.3	7
500	8.1	10.6	25.2	28	19.8
250	9.4	7.5	23.2	20.6	24.1
100	12.4	13.1	19.1	20.8	26.5
0	0.7	1.4	3.3	7.3	13

（引自张春禄等，2015）

3. 消化酶

对黄鳍鲷消化酶比活的昼夜变化的测定表明蛋白酶、淀粉酶、脂肪酶比活的最高值分别在14:00、20:00和18:00，最低值分别是12:00、10:00和6:00（图1-4）。

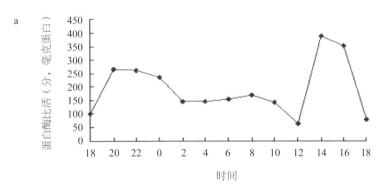

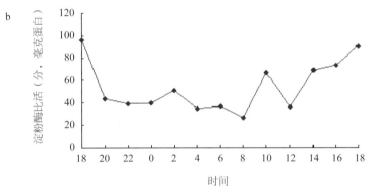

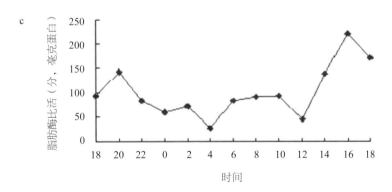

图1-4 黄鳍鲷消化酶比活的昼夜变化（引自李希国等，2006）

a. 蛋白酶；b. 淀粉酶；c. 脂肪酶

七、年龄与生长

1. 体长与鳞长的关系

黄鳍鲷体长（L，毫米）-鳞长（S，毫米）的关系可分别用直线回归方程：$L=29.767\,9\,S+38.137\,5$和幂函数方程$L=65.351\,8S^{0.651\,0}$表示，其相关系数r值分别为0.923 8和0.817 8，表示两者相关紧密。

2. 体长与体质量的关系

黄鳍鲷体长（L，毫米）增长与体质量（W，克）增长的函数关系属于幂函数关系：$W=3.392\,5\times10^{-5}L^{2.986\,2}$（$P<0.01$）（图1-5）。

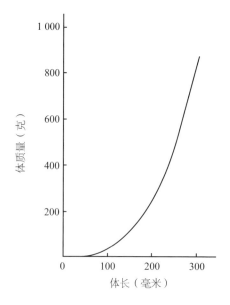

图1-5　黄鳍鲷体长和体质量的关系曲线（引自李加儿等，1985）

3. 生长速度

采用Lee.E氏正比例公式推算各龄体长，同时依体长与体质量的关系式推算各龄体质量，结果为1龄鱼体长169毫米，体质量153克；2龄鱼体长219毫米，体质量329克；3龄鱼体长262毫米，体质量565克。

4. 一般生长型

依 Von Bertalanffy生长方程：$L_t=L_\infty[1-e^{-k(t-t_0)}]$及$W_t=W_\infty[1-e^{-k(t-t_0)}]^3$研究黄鳍鲷

的生长。用 Walford作图法求得该鱼随年龄增长而趋向的渐近体长L_∞为564.19毫米（图1-6），按各龄体长值，求得生长曲线的曲率k为0.133 8，理论上体质量和体长为零时的年龄t_0为-1.664 7年。

将L_∞值代入体长一体质量关系式，换算得黄鳍鲷的W_∞值为5 582.5克。

为进一步研究黄鳍鲷年间生长的变化特征，将体长、体质量方程对t求一阶导数，得出生长速度。

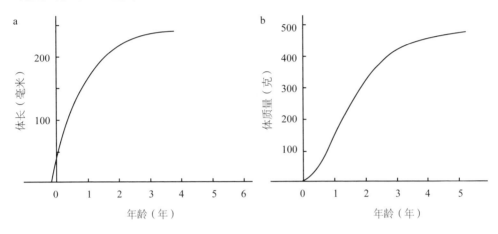

图1-6 黄鳍鲷的生长速度（引自张邦杰等，1998）

a.体长；b.体质量

八、繁殖习性

1. 亲鱼生物学

（1）体长体质量组成

黄鳍鲷为雌雄同体、雄性先熟的性转变鱼类，故一般雌性亲鱼个体比雄性亲鱼个体大。从测定的鱼看，雄鱼体长范围为145～280毫米，平均（219.94±41.8）毫米；雌鱼体长范围为182～340毫米，平均（247±50.5）毫米（图1-7）。

黄鳍鲷雄鱼体质量范围为115～600克，平均（329±120.7）克；雌鱼体质量范围150～1 225克，平均为（500±266.2）克。一般来说，雌鱼的体质量较雄鱼为大，与亲鱼体长组成情况相一致。

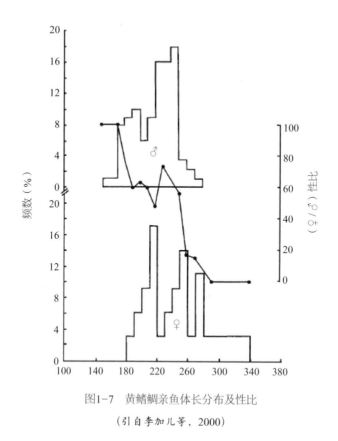

图1-7　黄鳍鲷亲鱼体长分布及性比

（引自李加儿等，2000）

（2）亲鱼体长体质量关系

黄鳍鲷的体长增长和体质量增长的函数关系属于幂函数类型：$W=aL^b$（图1-8）。以各尾标本的体长值及其相应的体质量值，用最小二乘法求得回归方程式为：

$W_♀ = 1.069\ 2 \times 10^{-5} L_♀^{3.168\ 7}$（$r = 0.918\ 0$，$P > 0.01$）

$W_♂ = 5.353\ 9 \times 10^{-5} L_♂^{2.891\ 6}$（$r = 0.984\ 6$，$P > 0.01$）

式中，W为体质量（克），L为体长（毫米）。

（3）生物学最小型

依据池塘养殖记录并辅以鳞片进行年龄鉴定，结果表明，发育成熟，可以挤出精子的雄鱼最低年龄为1龄，最小体长145毫米，体质量115克；具有成熟卵子的成熟雌鱼最低年龄为3龄，最小体长为223毫米，体质量350克。

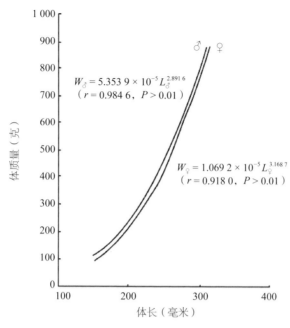

图1-8　黄鳍鲷亲鱼体长体质量关系曲线

（引自李加儿等，2000）

（4）性比

统计了池养黄鳍鲷的雌雄比例。结果表明，随着体长增长，雌性亲鱼的比例明显提高（表1-3）。

表1-3　不同体长组黄鳍鲷的雌雄比例

体长组（毫米）	小于170	171～210	211～250	251～290	大于290
雄鱼（尾）	10	44	66	6	0
雌鱼（尾）	0	26	46	36	18
雌雄比	0	0.59：1	0.70：1	6：1	100
总比例	126：126（1：1）				

（引自李加儿等，2000）

2. 卵巢发育变化

根据对池养黄鳍鲷的观察，黄鳍鲷卵巢属被卵巢型。

Ⅰ期卵巢体积很小，紧贴于体壁内侧，呈透明状，从组织切片上看，卵巢腔已可见到，充满卵原细胞，卵径为10.3～18.7微米。

Ⅱ期卵巢呈扁带状，肉眼不能看出卵粒，从切片上看，卵巢中卵母细胞的特点是未形成卵黄颗粒，其直径为28.6～45.6微米。

Ⅲ期卵巢外观比较发达，占腹腔的1/3～1/2，肉眼能清楚地分辨卵粒，卵母细胞开始出现卵黄颗粒，卵径为65.2～150.2微米。

Ⅳ期卵巢外观显得丰满，肉眼可见部分大而透明的卵子，本期为卵母细胞大量积累卵黄阶段，卵子彼此容易分离，卵径为147.2～438微米。

Ⅴ期本期卵巢体积最大，充满了整个腹腔，用肉眼看，卵巢膜薄而透明，其内卵粒透明而易于流出，成熟卵透明，细胞的直径达430～550微米。

Ⅵ期产卵后的卵巢大为松弛缩小，紫红色充血，卵粒主要是正处于退化吸收的第四时相的卵母细胞，以及一些第二时相和第三时相的卵母细胞。

图1-9为港养黄鳍鲷卵细胞发育过程。

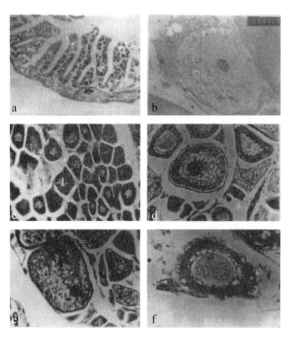

图1-9　黄鳍鲷卵细胞发育过程（引自洪万树等，1991）

a. 产卵板结构和卵原细胞，69×；b. 卵原细胞超微结构，示线粒体（M），4060×；c. 第2时相卵母细胞，277×；d. 第3时相卵母细胞，139×；e. 第4时相卵母细胞核，开始移动，139×；f. 第6时相卵母细胞，卵膜波纹状，277×

3. 精巢发育变化和精子发生过程

（1）精原细胞期：精巢细线状，成熟系数0.062 2%～0.089%。精小囊椭圆形，数个精小囊被结缔组织包围形成精细管。内有数量不等的圆形或椭圆形精原细胞，直径8.7～11.9微米，核径5.5～7.6微米（图1-10-a）。

（2）精原细胞增殖期：精巢略增大，呈灰白色，血管分布不甚明显，成熟系数为0.09%～0.18%。精小囊呈囊泡状，精原细胞聚集成群，切面中可见少数处于分裂的精原细胞，精原细胞体积变小，直径5.7～7.6微米（图1-10-b）。

（3）精母细胞生长期：精巢继续增大呈棍棒状，粉红色，成熟系数0.21%～0.65%。此时精细胞发育出现不同步状态，初级精母细胞直径4.5～5.2微米，次级精母细胞较小，为3.8～4.1微米（图1-10-c）。

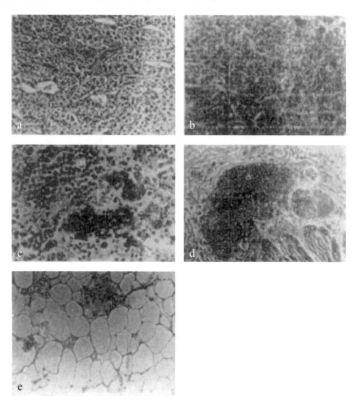

图1-10　黄鳍鲷精子发生过程（引自洪万树等，1991）

a. 精原细胞，277×；b. 初级精母细胞和次级精母细胞，精小囊呈泡状，277×；c. 精子细胞（ST）和精子（SZ），277×；d. 精小囊内成熟精子成丛，277×；e. 精子排空后的精小囊，139×

（4）精子开始出现期：靠近尿殖乳突的精巢部分先发育成熟，挤压腹部有少量精液流出，成熟系数0.86%～1.2%，次级精母细胞长径4.06微米，短径2.71微米。核卵圆形，长径2.83微米，短径1.76微米，核仁消失（图1-10-d）。

（5）精子成熟期：精巢呈乳白色，轻压腹部有大量精液流出，成熟系数1.21%～2.5%。精子细胞呈椭圆形，长径3.54微米，短径2.30微米。

（6）退化吸收期：大部分精小囊内的精子已分批排空，精小囊呈空泡状，尚未排出的精子和处于发育阶段的精细胞开始退化吸收（图1-10-e）。

4. 成熟系数及卵径

池养黄鳍鲷的卵巢成熟系数变化如图1-11所示。从图1-11中可见，其卵巢自1—7月均处于Ⅱ期，当水温接近年最高月平均值时，卵巢迅速发育，成熟系数逐渐上升，卵母细胞发育进入Ⅲ期，10月下旬或11月初，卵巢发育进入成熟阶段，卵径达到最大值。

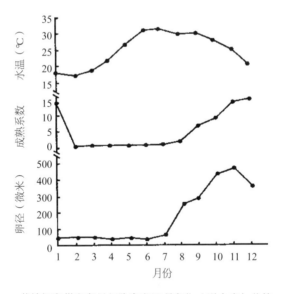

图1-11　黄鳍鲷卵巢和卵母细胞发育逐月变化（引自李加儿等，2000）

5. 生殖力

池养黄鳍鲷个体绝对生殖力（F）波动在30万～237.7万粒，平均值和标准差为135.7万±7.55万粒；个体相对生殖力（F/L）波动范围为1 200～9 700粒/毫米体长，平均值和标准差为（5 093±2 940）粒/毫米体长；个体相对生殖力（F/W）波动在740～5 756粒/克，平均值和标准差为（2 511±1 613）粒/克体质量。

6. *产卵类型与次数*

黄鳍鲷与其他鲷科鱼类一样，其卵巢属于分批产卵类型。经激素催产后，一般产卵2～3次，若在繁殖季节盛期，继续追加1～2次注射，仍可促使亲鱼进一步排卵。从组织切片观察发现，卵巢中存在着各期卵母细胞（图1-12）。从卵径组成分布图（图1-13）来看，也表明这一点。

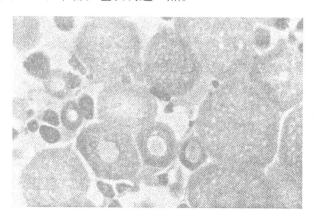

图1-12　黄鳍鲷卵巢切片（引自李加儿等，2000）

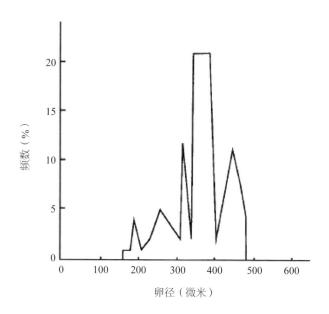

图1-13　黄鳍鲷成熟卵巢中的卵径分布（引自李加儿等，2000）

7. 雌雄同体

生殖季节的前后（9月至翌年1月），Ⅰ龄组中雄性鱼占34.64%，雌雄同体占65.36%；Ⅱ龄组中雌雄同体占80.70%，雌性鱼占19.30%；Ⅲ龄和Ⅳ龄组则全都为雌性鱼，已不存在雌雄同体现象（图1-14）。

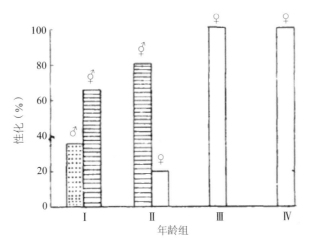

图1-14 黄鳍鲷性转变与年龄的关系（引自洪万树等，1991）

8. 精子生物学特性

黄鳍鲷精子在不同盐度中的活力见图1-15。当激活溶液的盐度为21左右时，精子活力最好，涡动时间最长。当盐度高于或低于21时随着激活溶液盐度的升高或下降，精子的涡动时间缩短。

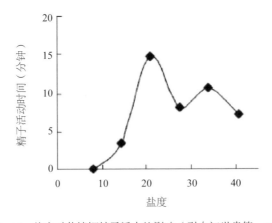

图1-15 盐度对黄鳍鲷精子活力的影响（引自江世贵等，1998）

黄鳍鲷精子在盐度为8时，即有激活反应，从激活到全部死亡的时间为1分钟，但涡动时间为0分钟。

pH值对黄鳍鲷精子激活与活力的影响见图1-16。当激活溶液pH值为7.9时，精子活力最好，快速运动时间在11分钟以上。pH值高于7.8时，精子活力下降，但在pH值8.0～8.6范围内，精子活力下降幅度不大。当激活溶液的pH值为7.6时，精子活力已明显下降。从总体来说，当激活溶液的pH值在7.6～8.6范围时，精子活力均较好，其快速运动时间最低也在6.5分钟以上。

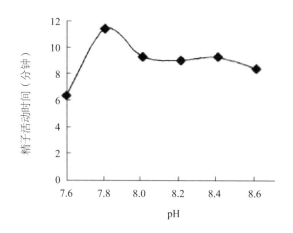

图1-16　pH对黄鳍鲷精子活力的影响（引自黄巧珠等，1999）

八、种质特性

1. 肌肉营养成分

水分采用GB5009.3-85直接干燥法测定，灰分采用GB5009.4285高温灼烧法测定，蛋白质采用GB5009.5-85凯氏定氮法测定，脂肪采用GB5009.6285索氏抽提法测定。测定结果：水分74.4%，粗蛋白21.1%，粗脂肪1.31%，灰份1.5%。

氨基酸测定：用日立835-50型氨基酸自动分析仪分析，测定结果如表1-4所示。

黄鳍鲷脂肪酸测定结果（以干重计）：脂肪酸总量82.66%，不饱和脂肪酸41.42%，脂肪酸不饱和度50.20%；不饱和脂肪酸（n3）的含量：18：1为20.92%，18：3为0.96%，16：1为7.04%，20：5为3.09%，22：6为5.83%。

表1-4 黄鳍鲷肌肉氨基酸组成

氨基酸	含量（%）
天冬氨酸	2.08
苏氨酸	0.86
丝氨酸	0.67
谷氨酸	2.96
甘氨酸	1.06
丙氨酸	1.26
缬氨酸	1.14
甲硫氨酸	0.62
半胱氨酸	0
异亮氨酸	1.06
亮氨酸	1.76
酪氨酸	0.68
苯丙氨酸	0.84
赖氨酸	2.02
组氨酸	0.46
精氨酸	1.3
脯氨酸	0.69

（引自苏天凤等，2002）

2. 染色体核型

采用组织学的方法，胸腔注射PHA及秋水仙素溶液，取头肾细胞经空气干燥法制片，姬姆萨染液染色，分析染色体数目和染色体组型。结果：染色体数为48，核型方式：$2n=48t$，NF染色体臂数$=54$（图1-17）。

3. 生化遗传特性（同工酶）

用聚丙烯酰胺凝胶电泳方法，对黄鳍鲷肌肉、心脏、肝脏、血清、玻璃体、晶状体、脑等组织器官的乳酸脱氢酶（LDH）进行分析比较，发现不同组织器官的LDH基因表达情况存在着较大差异，电泳扫描图谱如图1-18所示，心脏、肝脏和玻璃体LDH同工酶的电泳图谱各有2条酶带，晶状体有4条，肌肉、血清、脑各有5条。由图中光密度（OD）值大小可看出，LDH同工酶在肌肉中表达最强，在心脏、肝脏、血清中次之。

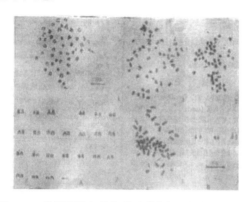

图1-17　黄鳍鲷染色体核型（引自刘丽莎等，1991）

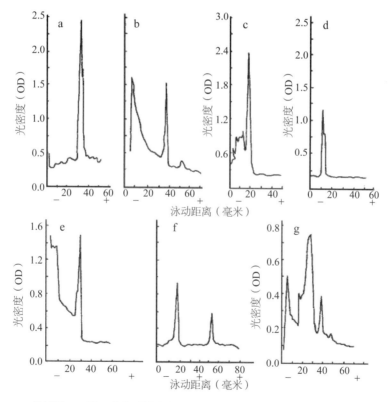

图1-18　黄鳍鲷LDH同工酶聚丙烯酰胺圆盘凝胶电泳扫描图谱（引自朱友芳等，2001）

a.心脏；b.晶状体；c.肌肉；d.肝脏；e.血清；f.玻璃体；g.脑

第三节　黄鳍鲷的内部结构

一、骨骼系统

黄鳍鲷鲈的骨骼有外骨骼和内骨骼之分，外骨骼包括鳞片、鳍棘和鳍条，内骨骼包括埋在肌肉中的头骨、脊椎骨和附肢骨等（图1-19）。

图1-19　黄鳍鲷骨骼系统的X光照片（引自蔡正一，2008）

1. 脑颅

黄鳍鲷上筛骨（Supraethmoid）背面中央的突起前窄后宽，而且骨面下凹（图1-20）。

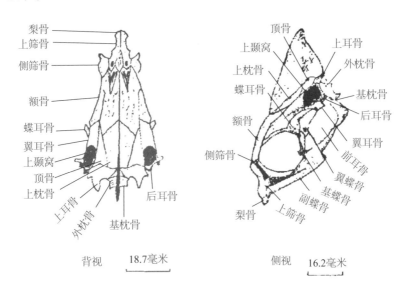

图1-20　黄鳍鲷的脑颅（引自杨太有等，2008）

2. 咽颅

黄鳍鲷前上颌骨（Premaxilla）侧扁，前端为分叉的竖支颇高，先端尖，横支弧形，前上颌骨近先端有犬形齿6枚，外侧缘有一列臼齿，内侧缘有不规则粒状齿，中部有4～5列臼齿，其中外列和第三列中部齿较大。上颌骨（Maxilla）弧形，先端向左右扩宽，中央后凹较深，前上颌骨前端镶嵌于此（图1-21）。

黄鳍鲷的下颌见图1-22，齿骨前端具6枚犬齿，中部有3列臼齿，外列和中列齿大，内列齿小，齿骨近后端齿小。

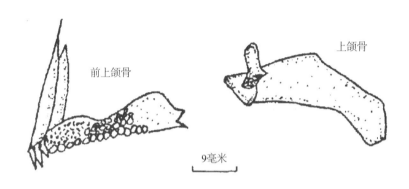

图1-21 黄鳍鲷的上颌（引自杨太有等，2008.）

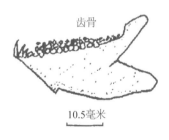

图1-22 黄鳍鲷的下颌（引自杨太有等，2008）

3. 附肢骨骼

肩带有主后颞骨（Supraposttempoml）。后颞骨（Posttemporal）曲尺形，上支侧扁，两支基部较宽，有一向前的三角形突起。上颞骨（Supratemporal）椭圆形，前端有喙状突。上匙骨（Supraeleithrum）半月形内侧边缘较厚。匙骨（Cleithrum）前段扁宽，向前方有一尖突。后匙骨（Postcleithrum）柳叶状前后端尖。肩胛骨（Scapula）似方形，中间有一圆孔。喙状骨（Coracoid）烟斗状。

腰带骨基部厚实，内侧有一骨刺，后伸的骨突短，从基部向前伸出一扁薄竖立骨片。背鳍由鳍棘和鳍条组成，有远端支鳍骨和近端支鳍骨。

臀鳍由鳍棘、鳍条和支鳍骨组成。

4. 鳞片

黄鳍鲷的鳞片为弱栉鳞，整个鳞片可分为前区、后区和两个侧区。鳞片前区和两个侧区的环纹呈同心圆的排列，鳞片后区的环纹则变形为许多不规则的颗粒状突起。在鳞片前区还有5～10条的辐射沟。在同一生长带之中，环纹的排列走向相互平行。两个生长带相邻的环纹呈切割状，因而形成年轮（图1-23）。

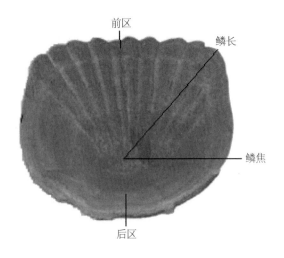

图1-23　黄鳍鲷的鳞片

二、消化系统

1. 消化道的形态学

野生和养殖黄鳍鲷消化道的基本形态是一致的，都是由口咽腔、食道、胃、幽门盲囊、肠和直肠6部分组成。黄鳍鲷口和咽没有明显界限，合称为口咽腔，口咽腔较大，其内有齿、舌和鳃耙。上颌齿6枚、下颌齿6枚，上、下颌两侧各具有3～4行坚硬的臼齿，齿扁平、圆钝，越靠中心越大；舌半椭圆形，无自主活动能力；口咽腔下部有4条鳃弓，每一鳃弓上有2行鳃耙（图1-24）。

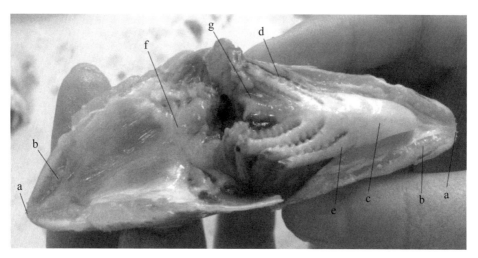

图1-24　口咽腔水平剖面图

a.门齿；b.臼齿；c.舌；d.鳃耙；e.鳃弓；f.上咽骨齿；g.下咽骨齿

　　口咽腔后接短而粗的食道，内有纵行的褶皱，吞咽食物时可以扩展。胃"V"形，分为贲门部、胃体部和幽门部3部分（图1-25）。在幽门部与肠连接处有幽门盲囊4条，环状围绕于肠道周围。肠道在体腔内迂回，肠道较长，有2个回折，按折点分布将肠分成前肠、中肠、后肠3部分，后接稍粗的直肠，末端开口于肛门。肠道外部覆盖有较多脂肪（图1-26）。

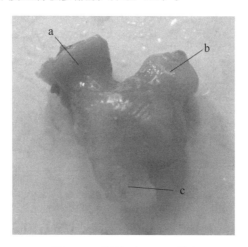

图1-25　黄鳍鲷的"V"形胃

a.贲门部；b.胃体部；c.幽门部

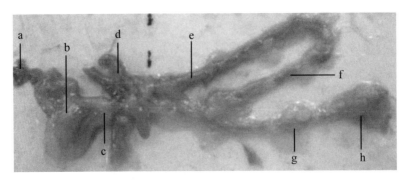

图1-26 黄鳍鲷消化道外形

a.食道；b.胃；c.幽门部；d.幽门盲囊；e.前肠；f.中肠；g.后肠；h.直肠

2.消化道的组织学

对野生黄鳍鲷的研究观察如下。

（1）食道：黄鳍鲷的食道位于口咽腔之后，胃贲门之前，较短粗，从内到外分为4层：黏膜层、黏膜下层、肌肉层以及浆膜层。

食道内表面分布有较狭长的黏膜褶，黏膜上皮为复层上皮，表层是一层扁平细胞，其下为一层大而高的杯状细胞和其他黏液分泌细胞，由多层细胞构成，排列紧密，无一定规律。上皮下面为致密结缔组织构成的固有膜，紧接着是疏松结缔组织构成的黏膜下层，其间有丰富的血管、神经细胞和淋巴分布，固有膜与黏膜下层之间分界不明显，不易分辨。肌肉层分为2层，内层为纵肌，外层为环肌，环肌间有少量脂肪组织，纵肌和环肌均为横纹肌，在纵肌和环肌之间还有神经节（图1-27-a）。浆膜层较薄，由间皮细胞和结缔组织构成。

（2）胃：胃呈V形，位于食道之后、肠道之前的膨大部位。胃可大体分为贲门部、胃体部和幽门部3部分，与食道相连的部分为贲门部，接近前肠的部分为幽门部，中间的部分是胃体部，胃腔比食道大。其组织结构同食道一样，从内到外分为4层：黏膜层、黏膜下层、肌肉层以及浆膜层。

胃黏膜上皮为单层柱状上皮，细胞核多位于下部，染色较深，凹陷形成胃小凹（图1-27-b），整个胃的上皮中都没有杯状细胞，上皮细胞排列不紧密，形成的黏膜褶平缓、无分支（图1-27-c～e），黏膜褶高度和宽度是胃体部大于贲门部大于幽门部。从横切面来看，每个腺管管壁由数个排列规整的腺细胞围成管腔，腺细胞明显大于周围细胞，方形，细胞核多为圆形，位于基部，细胞饱满，细胞质染色较浅。幽门部没有胃腺（图1-27-e）。胃腺组织之下是固有膜，由致密结缔组织构成，固有膜之下是黏膜下层，由疏松结缔组织构成，其间有黏膜肌、丰富的血管、神经细胞和淋巴分布（图1-28-b，e），胃体部的黏膜下层尤其厚，固有膜与黏膜下层之间分界不明显，不易分辨。胃肌肉层分为2层，内层为环肌，外层为纵肌（图1-27-b~e）。胃部肌肉层厚度幽门部大于胃体部大于贲门部，环肌和纵肌均为平滑肌，在环肌和纵肌之间还有神经节（图1-27-b，e）。浆膜层较薄，由间皮细胞和结缔组织构成。

（3）幽门盲囊：在胃幽门部与肠开始处衍生的指状盲囊突出物称为幽门盲囊。黄鳍鲷有4条幽门盲囊，其组织结构与食道一样，从内到外分为4层：黏膜层、黏膜下层、肌肉层以及浆膜层。

幽门盲囊的上皮中黏膜褶数量较多且有很多分支，几乎充满整个内腔，有较高的初级黏膜褶及分支的次级黏膜褶，黏膜褶之间的界限分辨不清。黏膜上皮为单层柱状上皮，其间嵌有少量的杯状细胞和其他黏液分泌细胞，排列紧密，无一定规律。固有膜与黏膜下层分界不清。肌肉层内环外纵，平滑肌构成，肌肉层间有神经节分布（图1-28-a）。浆膜层很薄。

（4）肠：根据肠道的盘曲分为前肠、中肠及后肠3部分，前肠管径最粗，中肠次之，后肠最细，但差别不明显。肠同样由黏膜层、黏膜下层、肌肉层以及浆膜层4部分组成。

肠黏膜上皮褶皱非常丰富并有分支，同幽门盲囊一样有初级黏膜褶和次级黏膜褶，纹状缘明显，即微绒毛发达。上皮为单层柱状上皮，排列紧密，其间散布较多杯状细胞，细胞质染色较深。黏膜褶和杯状细胞的丰富度前肠＞中肠＞后肠。黏膜下层都由疏松结缔组织构成，可见大量血管、神经和淋巴管等，固有膜与黏膜下层分界不明显。肌肉层分为内外2层，内层环肌，外层纵肌，两者之间偶尔可观察到密集的神经节（图1-28-d）。浆膜层由疏松结缔组织构成，外覆间皮。

（5）直肠：直肠的管径都比肠粗，组织结构与肠类似，都由黏膜层、黏膜下层、肌肉层以及浆膜层4部分组成。

直肠黏膜上皮为单层柱状上皮，具纹状缘，上皮下固有膜和黏膜下层分界不明显，其中有大量的血管和淋巴管，层很发达，肌肉层厚度分为内外2层，内环肌，外纵肌，它们之间有大量的神经节存在（图1-28-e）。浆膜层比消化道其他部位稍厚。

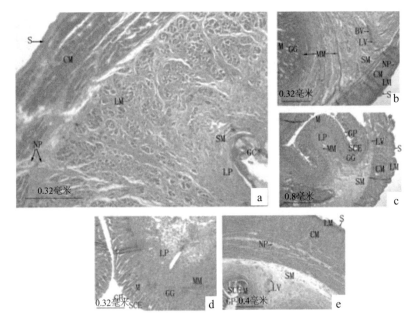

图1-27　黄鳍鲷消化道的解剖镜观察（HE染色）（引自王永翠等，2012）

a.食道（50×）；b.贲门胃（50×）；c.胃体（20×）；d.胃体（50×）；e.幽门胃（40×）

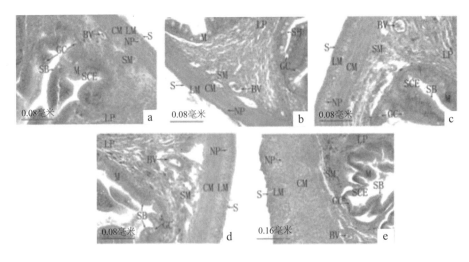

图1-28　黄鳍鲷消化道的解剖镜观察（HE染色）（引自王永翠等，2012）

a.幽门盲囊（200×）；b.前肠（200×）；c.中肠（200×）；d.后肠（200×）；e.直肠（100×）

（6）消化腺：黄鳍鲷肝脏为黄褐色，表面有呈枝状分布的血管，分两叶。左叶前部较大，中间部最大，右叶小而尖（图1-29）。胰脏为弥散性腺体，分散于肝实质中。肝细胞体积大，呈多边形，细胞核中位，呈多面体，有一个或多个核仁。具门静脉和中央静脉，分支进入血窦。肝血窦丰富，在肝组织间构成网状结构（图1-30）。

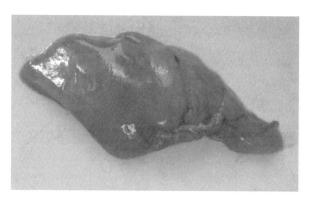

图1-29　黄鳍鲷的肝脏外形

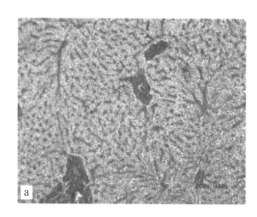
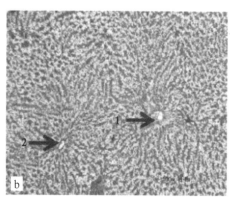

图1-30　黄鳍鲷肝组织显微结构（引自Aliakbar Hedayati等，2016）

a. 肝胰脏；b. (1) 门静脉；(2) 中央静脉（100×）

三、呼吸系统

1. 鳃和鳃丝的基本结构

黄鳍鲷鳃的基本结构与其他硬骨鱼类一样，具4对鳃，每一鳃弓上有2片大小、结构相似的鳃片，每一鳃片由许多鳃丝连续紧密排列而成，每一鳃丝两侧具有许多以鳃丝为主轴，呈褶状的薄片状的鳃小片。

扫描电镜观察测定结果表明，黄鳍鲷鳃丝中段的直径100～118微米，鳃丝间距182～209微米，1毫米鳃丝上有35～39片鳃小片（图1-31-a～c）。

2. 鳃丝表面的微细结构

扫描电镜显示，黄鳍鲷鳃丝表面一部分鳃丝表皮凹凸不平，另一部分鳃丝表皮较为平坦，鳃丝上皮细胞表面有微嵴形成的规则的指纹状回路，有时微嵴有融合。一些小型突起存在于基部鳃丝上皮，在高倍镜下观察，发现是散布的分泌孔，形状有圆形、椭圆形等，直径为2.0～2.6微米，其内可见含有若干个小型的颗粒状分泌物（图1-31-d～f）。

（1）扁平上皮细胞：扁平上皮细胞的形态特点是表面有微嵴，微嵴的宽度1.67～2.56微米。黄鳍鲷的微嵴主要以环形为主。单个细胞微嵴的形态基本一致，扁平上皮细胞表面观以不规则的六边形为主，或类似菱形的四边形，细胞间界限清楚（图1-31-g～i）。

（2）氯细胞：黄鳍鲷鳃丝表面的氯细胞数量较多，散布于扁平细胞之间。其游离面明显向外膨胀，细胞边缘低于扁平上皮细胞的表面，氯细胞的黏液表层通常沉积在扁平上皮细胞的下面，在扁平细胞之间产生"开孔"，有些可见其分泌颗粒（图1-31-d～f）。

（3）黏液细胞：黏液细胞主要根据其环形开口和排出的黏液物质来识别，电子显微镜显示其位于扁平上皮细胞纵深处或其他扁平上皮细胞之间。虽然扫描电镜下难以观察到其具体形态，但仍可凭借其特点分辨出来。在黄鳍鲷鳃丝的基部，中部及端部表面到处都有黏液细胞，以鳃丝基部上皮数量稍多（图1-31-d）。

3. 鳃小片的形态结构

鱼类鳃小片的形状类似流线型，最高点位于鳃丝的迎水侧。黄鳍鲷的鳃小片在鳃丝不同部位的高度不一致，鳃丝端部的鳃小片较低矮，而中部较高（图1-31-c）。鳃小片高145～155微米，宽41～45微米，厚13～14微米，鳃小片间距21～24微米。

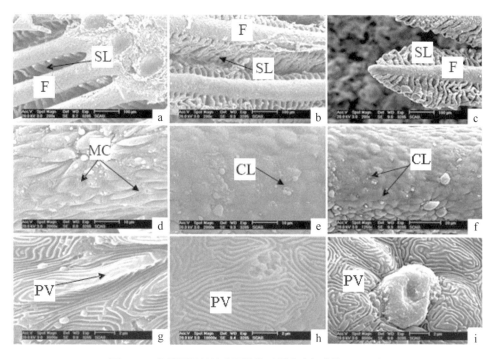

图1-31　黄鳍鲷鳃丝的表面结构（引自李加儿等，2009）

CLC.氯细胞；FL.鳃丝；MC.黏液细胞；PVC.扁平上皮细胞；SL.鳃小片；FLP.微嵴小横突.a.黄鳍鲷基部鳃丝；b.黄鳍鲷鳃丝中段；c.黄鳍鲷鳃丝端部；d.黄鳍鲷基部鳃丝表面；e.黄鳍鲷中部鳃表面；f.黄鳍鲷中部鳃丝表面（示平坦/凹凸交界处）；g.黄鳍鲷基部鳃丝细胞表面；h.黄鳍鲷中部鳃丝细胞表面（示分泌孔）；i.黄鳍鲷端部鳃丝细胞表面

四、循环系统

黄鳍鲷外周血细胞可分红细胞、中性粒细胞、淋巴细胞、单核细胞和血栓细胞五种细胞。

1. 红细胞

细胞长径（10.12±1.34）微米，短径（7.45±1.11）微米，呈圆形或长椭圆形，表面光滑，胞核呈卵圆形，位于细胞中央，胞质着色较淡，呈淡红色，胞核着色较深，呈紫红色（图1-32-a）。

2. 淋巴细胞

长径（8.78±1.67）微米，短径（8.31±1.63）微米，圆形或不规则圆形，表面有粗大突起。细胞核较大，呈圆形，位于细胞中央或偏于一侧，胞质呈弱嗜碱性，染成蓝色，呈一薄层围于核外，内可见蓝色细小颗粒（图1-32-b）。

3. 单核细胞

细胞呈圆形、椭圆形、不规则形状，长径（12.45±1.78）微米，短径（11.14±1.66）微米，边缘常粗糙，核圆形、椭圆等，偏心位或偏于一侧与质膜相切，胞核呈疏松网状结构，呈深紫红色，胞质呈浅蓝色，部分胞质内有若干空泡（图1-32-c）。

4. 嗜中性粒细胞

细胞圆形或椭圆形，长径（11.75±1.84）微米，短径（10.64±1.72）微米，核相对单核细胞的小，偏于细胞一侧，核质较致密，粗颗粒状，呈深紫红色，胞质染色较浅，微发蓝，有的几乎不着色，甚至微发红，细胞边缘较平整（图1-32-d）。

5. 血栓细胞

血栓细胞单个或成对存在，长径（5.15±1.27）微米，短径（4.65±1.08）微米，其形态多样，核圆形或椭圆形等，胞质很少，有的几乎无胞质，分布在细胞的一端或两端或围绕在核周围。核染成均匀的深紫色（图1-32-e）。

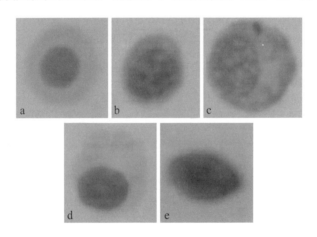

图1-32　黄鳍鲷的血细胞

a. 红细胞；b. 淋巴细胞；c. 单核细胞；d. 中性细胞；e. 血栓细胞

Ahmad Savari等（2011）对波斯湾西北部赞吉河的黄鳍鲷血细胞特性及血液

学参数做了测定。结果如表1-5所示。

表 1-5　黄鳍鲷血细胞核血液学参数

项目	测定结果
血红蛋白Hb（毫克/升）	8.98±0.3
血细胞比容Ht（%）	26.1±1.9
平均红细胞血红蛋白浓度MCHC（毫克/升）	0.34±0.02
白细胞Leukcyte（/毫升）	12 141±1 313
淋巴细胞Lymphcyte（%）	78.3±2
单核细胞Monocyte（%）	1.83±0.75
嗜中性粒细胞Neutrophil（%）	16.8±0.7
嗜酸性粒细胞Eosinophil（%）	4.5±1.5

五、感觉器官

1. 耳石

耳石的外形略似卵圆形的叶片，基叶长，翼叶短，两者前端之间形成一个切口，使耳石形如一片叶状沟。耳石边缘一般为波纹状或锯齿状。中央沟略呈"y"形，从前端切口稍斜行至耳石后部约3/4处拐弯至基叶边缘。标本2尾，体长为205～230毫米；耳石长度7.2～8.2毫米；石长/体长：2.88%～3.56%（图1-33）。

图1-33　黄鳍鲷的耳石（引自张至维，2012）

2. 味蕾

黄鳍鲷味蕾由一组细胞集合而成，椭圆形，由感觉细胞、支持细胞和基细胞组成。感觉细胞呈梭形，细胞核椭圆形，居中，染色较深；支持细胞也呈梭形，细胞核圆形或椭圆形，染色较浅；基细胞位于味蕾基部，黄鳍鲷味蕾的分布如下所述。

（1）唇：黄鳍鲷唇上皮为复层扁平上皮构成，细胞排列紧密、整齐，圆形细胞核都在细胞中央，其间可见有味蕾分布，味蕾基部大都着生在固有膜的凸起结构之上，此凸起结构周围的上皮为柱状上皮，整个上皮中无杯状细胞（图1-34-a，b）。野生黄鳍鲷唇上皮中的味蕾大小、数量比养殖黄鳍鲷大、多。

（2）口腔黏膜：黄鳍鲷口腔黏膜上皮结构与唇相似，都是复层扁平上皮，厚度比唇薄，其间可见椭圆形味蕾，数量比唇上皮中略多，大小比唇上皮中略大，含有少量杯状细胞（图1-34-c，d）。野生鱼口腔黏膜上皮中的味蕾数量和大小是养殖鱼的1.09倍和1.26倍。

（3）舌：黄鳍鲷舌呈半椭圆形，无自主活动能力，其上皮为复层扁平上皮，与固有膜之间有柱状上皮，舌前半部味蕾较少，后半部味蕾渐增，总体数量比口腔黏膜略多，杯状细胞数量也略多于口腔黏膜（图1-34-e，f）。舌上皮中含有的味蕾数野生鱼比养殖鱼多。

（4）咽：黄鳍鲷咽部上皮为复层上皮，细胞排列紧密，细胞核为椭圆形或圆形，细胞膜较厚，多为角质化的细胞，上皮中味蕾含量明显多于唇、口腔黏膜和舌，且含有大量杯状细胞（图1-34-g，h）。养殖黄鳍鲷咽部上皮中的味蕾小于野生黄鳍鲷，含量少于野生鱼。

（5）鳃弓：黄鳍鲷口咽腔下部有4对鳃弓，每一鳃弓上皮都是复层扁平上皮，其间都具有味蕾，含量比咽上皮中少且比唇、口腔黏膜、舌上皮中多（图1-34-i，j）。野生与养殖黄鳍鲷在各部位味蕾的大小及数量见表1-6。

表1-6　野生与养殖黄鳍鲷味蕾的比较（引自王永翠等，2012）

部位		长径（微米）	短径（微米）	数量（个数/毫米²）
唇	WY	35.03 ± 1.70	25.13 ± 2.62	33.13 ± 6.88
	CY	31.08 ± 1.98	20.45 ± 1.58	29.38 ± 4.38
口腔黏膜	WY	35.95 ± 1.71	25.53 ± 1.51	38.13 ± 4.63
	CY	32.95 ± 2.02	22.09 ± 1.85	35.00 ± 4.25
舌	WY	41.68 ± 2.71	18.29 ± 2.27	43.75 ± 6.25
	CY	38.75 ± 3.38	19.11 ± 1.74	41.88 ± 7.25

续表

部位		长径（微米）	短径（微米）	数量（个数/毫米²）
咽	WY	41.77±2.75	19.60±1.49	151.25±8.75
	CY	41.14±3.13	19.93±1.68	140.63±8.13
鳃弓	WY	40.36±2.93	19.91±1.82	98.75±7.75
	CY	39.02±1.71	19.03±1.64	90.63±6.88

注：WY：野生黄鳍鲷；CY：养殖黄鳍鲷。

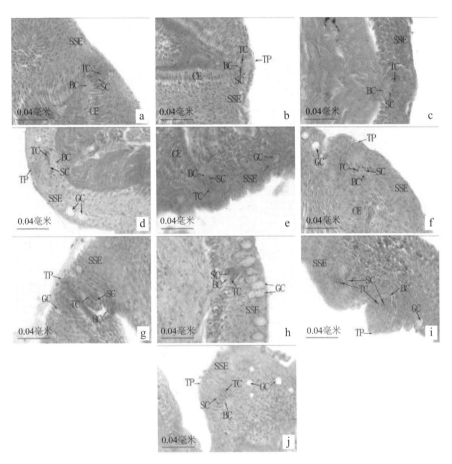

图1-34 黄鳍鲷味蕾的显微镜观察（H.E染色）（引自王永翠等，2012）

a.野生黄鳍鲷（WY）唇（400×）；b.养殖黄鳍鲷（CY）唇（400×）；c.WY口腔黏膜（400×）；

d.CY口腔黏膜（400×）；e.WY舌（400×）；f.CY舌（400×）；g.WY咽（400×）；h.CY咽

（400×）；i.WY鳃弓（400×）；j.CY鳃弓（400×）

BC：基细胞；CE：柱状上皮；GC：杯状细胞；SC：支持细胞；SSE：复层扁平上皮；TC：感觉细

胞；TP：味孔

3. 嗅囊

黄鳍鲷嗅囊沿长轴方向有一中隔，中隔两侧有许多初级嗅板呈辐射状排列位于中隔前端两侧的嗅板较小，向后逐渐增大（图1-35-a）无次级嗅板的分化，嗅板为嗅囊功能单位，由嗅上皮和中央髓组成（图1-35-b）。

嗅上皮包围在嗅板外周，内部有一中央髓。中央髓由间质细胞，网状纤维、胶原纤维等疏松结缔组织（图1-35-c）嗅上皮分成两个区：顶区位于嗅板尖端，厚度较小。中区靠近中隔（图1-35-a），嗅上皮的组成细胞为感觉细胞和非感觉细胞，感觉细胞包括纤毛感觉细胞、微绒毛感觉细胞、柱状细胞；非感觉细胞有纤毛非感觉细胞、支持细胞、基细胞和黏液细胞。

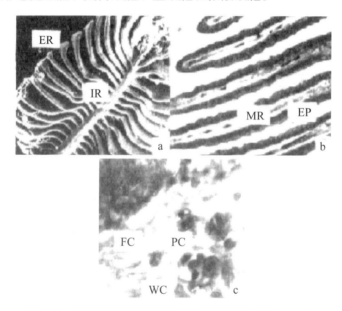

图1-35 黄鳍鲷嗅觉器官组织结构（引自郑微云等，1993）

a.嗅囊外形，示嗅上皮顶区（ER）和中区（IR），30×；b.嗅板，示嗅上皮（EP）、中央髓（MR），33×；c.中央，示间质细胞（PC）、胶原纤维（FC）、网状纤维（WC），330×

4. 视网膜

黄鳍鲷视网膜中存在大量视锥和视杆细胞，其视锥细胞可分为单锥（SC）和双锥（TC）两种；视网膜颞侧边缘区为视锥、双极、无长突和神经节细胞的高密度区，该区单位面积（0.01平方毫米）有双锥169～177个，单锥80～86个；双锥与单锥之比约为2∶1。视网膜中央区到背一鼻侧边缘区为视杆细胞高密度区，该区单位面积（0.01平方毫米）有视杆细胞4 883～5 017个（图1-36）。

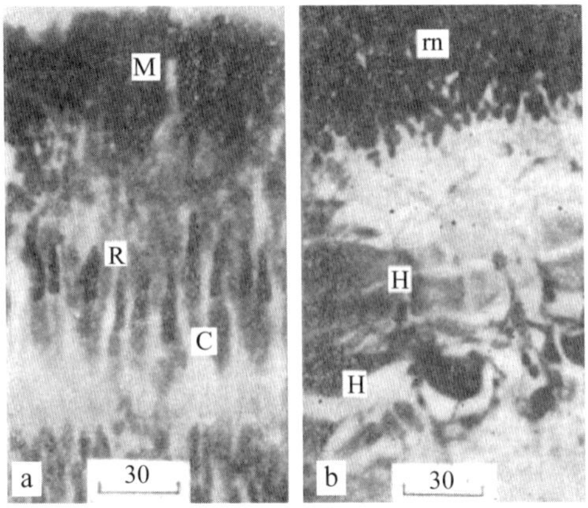

图1-36　黄鳍鲷视网膜（引自徐永淦等，1990）

a.示视锥（C）、视杆（R）和黑色素（M）；b.示水平细胞（H）和视杆细胞核（r n）

六、内分泌器官

胃肠道不仅是鱼类体内重要的消化器官，也是鱼类体内最大的内分泌器官，含有多种内分泌细胞，它们在鱼类摄食、消化、内分泌等生理活动中具有重要功能。杨青等（2005）应用4种兔抗胃肠激素抗体和SABC免疫组织化学方法，对黄鳍鲷消化道中的内分泌细胞进行鉴别和定位。结果表明：兔抗胰多肽（PP）细胞在幽门盲囊较为丰富，食道和小肠较少。兔抗生长抑素（Som）细胞在贲门胃分布密度最高，在食道和幽门胃也有较多分布。兔抗5-羟色胺（5-HT）细胞主要分布在食道和胃部，在幽门盲囊和小肠数量较少。兔抗神经肽（NPY）细胞在消化道各部位均未发现（表1-7）。

表1-7　黄鳍鲷消化道内分泌细胞的分布与密度（引自杨青等，2005）

	食道	贲门胃	幽门胃	幽门盲囊	小肠	直肠
PP细胞	++	−	−	++	+	−
Som细胞	+	+++	++	−	−	−
5-HT细胞	+	++	++	+	+	−

注："+++"表示10个以上阳性细胞，"++"表示6～10个阳性细胞，"+"表示1～5个阳性细胞，"−"表示阴性反应。

韩师昭等（2008）应用胃泌素多克隆抗体和链霉菌抗生物素蛋白-过氧化物酶免疫组织化学方法（SP法），对黄鳍鲷消化道胃泌素细胞（G细胞）进行免疫组化鉴别和定位。结果显示：黄鳍鲷G细胞仅在小肠发现，呈椭圆形，位于上皮基部（图1-37）。

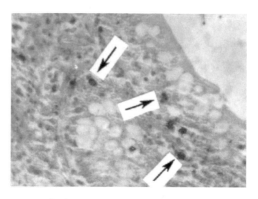

图1-37　黄鳍鲷小肠G细胞（引自韩师昭等，2008）

七、尿殖系统

1. 雌雄同体形态及组织学

根据解剖结果并进行性腺形态及组织学观察发现，在黄鳍鲷雄鱼性腺中发现卵巢组织，淡黄色，而在成熟雌鱼中未看到精巢组织。雄鱼性腺中卵巢部分的卵母细胞仅处于第一时相，直径24～32微米，精巢和卵巢之间具有组织将两者之间隔开（图1-38和图1-39）。

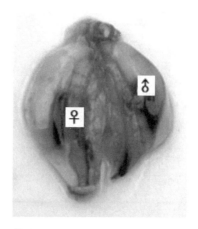

图1-38　黄鳍鲷性腺雌雄同体（引自李加儿等，2000）

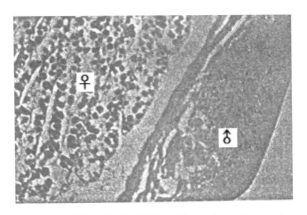

图1-39 黄鳍鲷雌雄同体切片（引自李加儿等，2000）

2. 精子的形态结构

光镜下观察到黄鳍鲷精子由头部和尾部组成，头部细胞核呈圆形或卵圆形，尾部细长（图1-40），细胞核的平均长径为（2.75±0.93）微米，平均短径为（2.25±0.68）微米，平均鞭毛长为（41.52±6.76）微米。

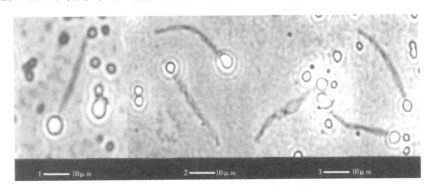

图1-40 黄鳍鲷精子的形态结构（引自黄晓荣等，2008）

第四节 黄鳍鲷的产业发展

黄鳍鲷为优质鲷科鱼类，肉质鲜美，营养价值较高，口感极佳，向来被港、澳、穗、深等地市场视为高值的海鲜品种，有"海底鸡项"之称，深受粤、港、闽、桂沿海地区居民喜爱。黄鳍鲷幼苗经过驯化后可放养于淡水，是海淡水养殖的优质鱼种之一。据记述，90多年前，潮安、澄海等韩江下游沿岸的池塘养殖就已有混养黄鳍鲷的习惯，民国年间，主要是半流堰装捞生产，新中国成立后发展到纳苗养殖。据费鸿年等（1960）对海丰县红草两个鱼堰的周年的纳苗观察记录结果，进鱼堰的鱼类共计有33科71种。黄鳍鲷1—7月进的频率最大，从每次纳苗1小时平均纳苗量来看，黄鳍鲷以1、2月为最高。从进堰种类组成的季节变化，1月和2月的优势种是黄鳍鲷，分别为47.6%和15.7%。

20世纪70年代末、80年代起，开拓了海水和半咸淡水精养。深圳、珠海、香港等地进行了网箱养殖，东莞、番禺、珠海等地则开展连片池塘养殖，东莞的黄鳍鲷河口近岸池塘单养和混养面积有288公顷，单养平均每公顷年单产7 300千克，以黄鳍鲷为主养的混养，平均单产8 250千克，起产最佳规格200克/尾，投入产出比为1∶1.33。番禺龙穴岛养殖面积160公顷，每公顷产量9 000~15 000千克，每公顷纯利为15万元。据《2022中国渔业统计年鉴》，2021年广东和福建鲷鱼养殖产量分别为76 796吨和45 334吨，占全国鲷鱼养殖产量130 947吨的93.26%。同时，2021年广东和福建鲷鱼海洋捕捞产量分别为38 164吨和43 352吨，占全国鲷鱼捕捞产量127 794吨的63.78%。

我国大陆地区黄鳍鲷价格和效益都比较稳定。前几年价格一直稳定在人民币26~28元/千克，2008年由于年初冻灾死了很多鱼，行情也是最好的一年，保持在人民币36~38元/千克。养殖面积不算太多，是黄鳍鲷的价格能够一直保持比较稳定的重要原因。南海水产研究所、福建省水产研究所20世纪80年代初先后取得黄鳍鲷人工繁殖与育苗技术研究成功，90年代初达到规模化生产水平。目前黄鳍鲷的种苗供应充足，广东及福建沿海地区有不少苗场在生产黄鳍鲷的种苗，价格不贵。2厘米的苗售价人民币0.1元/尾左右。

黄鳍鲷市售价比真鲷、黑鲷、平鲷等高出25%~50%，虽然其个体生长比其他鲷类稍慢，日增重仅0.38克，养殖周期较长，但群体单位面积载鱼量高，是珠江三角洲沿岸池塘出口创汇的理想养殖对象，只要做好野生种苗的采捕驯养，以及人工种苗的培育，分规格饲养，依不同上市商品规格，控制好放养密度，无论是单养还是混养，都能达到预期的效益，获得丰厚的利润。

鲷科鱼类在我国台湾已有多年的养殖历史，鱼苗来自人工繁殖，养殖模式有单养及混养两种，养成方式有鱼池养殖及箱网养殖两种，除真鲷较适于箱网养殖外，黄鳍鲷、黑鲷与平鲷两种方式均可养殖，但经过多年的发展，黄鳍鲷及黑鲷已多为陆上鱼塭养殖。早期黄鳍鲷、黑鲷、平鲷以及紫红笛鲷等几种鱼类的养殖在屏东曾经风靡一时，价格保持在每台斤①100元左右，在获利不错的情况下，渔民争相养殖，导致产量过剩，价格一度惨跌。由于屏东地区的生产成本较高，黄鳍鲷及黑鲷主要的养殖产地已逐渐往北移到嘉义、云林沿海地区。据统计，2013年我国台湾黄鳍鲷养殖业者有6 060户，养殖面积32公顷，鱼塭口数106个，在池数量183 4731尾，中间养成485 000尾，成鱼养成643 000尾。如以在池数量1 834 731尾的60%育成率计算，黄鳍鲷年产量约为300余吨。

　　黄鳍鲷的消费市场以前只是局限在华南地区，以活鱼销售为主，销售的渠道也主要集中在酒店及菜市场等场所，加工环节基本缺失，因此消费量也一直不大，加上养殖周期较长等客观因素的存在，导致养殖量多年来并没有出现太大的增长。经过多年的市场开拓，目前广西等西南地区的消费量正逐步增长，基本上从年头持续到中秋前后都有订单。

　　黄鳍鲷是一个小众品种，养殖规模相对较小。为了保持该产业健康可持续发展，应该注意产业链包括从苗种生产、中间培育、养殖生产、活鲜运输、成品仓储、产品流通到加工贸易等各个环节的协调发展。

---

① 　台斤：我国台湾地区重量单位，1台斤=600克。

第二章　黄鳍鲷的养殖场地

第一节　养殖环境条件要求

水产养殖场需要有良好的道路、交通、电力、通信、供水等基础条件。新建、改建养殖场最好选择在"三通一平"的地方建场，如果不具备以上基础条件，应考虑这些基础条件的建设成本，避免因基础条件不足影响到养殖场的生产发展。

在建设养殖场之前，应首先进行地质、水文、气象、生物、社会环境等诸多方面的综合调查，在此基础上提出建设方案，经可行性论证，进行严密地设计和严格的施工，以较少的投资和较快的速度，获得最理想的工程效果。调查内容和选择条件有：

一、地质

沿海风浪较小的泥质或泥沙质的潮间带，以及潮上带的盐碱荒滩，均可建池养鱼。建池地点的地质结构应保证池底基本不漏水、不渗水，筑堤建闸较容易。应尽力避免在酸性土壤或潜在的酸性土壤处建池。此外，还应尽量选择地势平坦，施工和进、排水方便的地方。

二、水文

调查该区的潮汐状况（包括潮汐类型、潮流速度、潮差大小、历年最高潮位等）、海区淤积和冲刷情况、风浪状况等，这是确定纳水方式、水闸位置及数目和高程、堤坝位置、高度和坡度等的必备数据。

三、水质

水是鱼类赖以生存、生长的直接环境，水的质量直接影响其生命活动。建场前必须对水质条件进行认真分析，达到感官性状良好，化学成分无害。选择场址时还必须考虑有充足的淡水水源，特别是盐度偏高、蒸发量较大、进水条件比较困难的沿海地区，或地下卤水、盐田卤水做水源的鱼池，更需要有供水量稳定、质量好的淡水水源。

四、气象

应调查当地气温、水温的周年变化、年降雨量及降雨集中季节、当地蒸发量和最大蒸发季节、风况、降霜和寒流多发期等。

五、生物环境

应调查附近水域中生物组成状况，摸清当地自然生长的饵料生物，尤其是鱼类喜食的底栖生物的资源量及数量变动，尽量选择饵料生物丰富的地区建场。要注意鱼类敌害生物的种类、数量等，尤其要注意附近赤潮生物的出现季节和波及程度等。

六、生态平衡

近几年来，许多地方池塘建的越来越多，养殖密度越来越大，已超过海区的负荷能力，使海水富营养化，生态平衡遭到破坏。这些地区不能继续建场。

七、社会条件

应考虑交通、电力、资金、土地、技术、劳力、历史特点和发展计划及其他社会、经济因素等。技术条件主要指有关的技术人员和技术设备。经济条件指当地的自身经济基础、物质基础及计划投产后的经济效益和社会效益，以及四周各部门的种植业、养殖业状况及相互关系；四周交通、能源、建筑现状及总体规划；四周工厂设置和排放的废气、废水情况及影响等。

第二节　养殖场所整体布局和设计

一、整体布局

在规划水产养殖场的整体布局时，应本着"以渔为主、合理利用"的原则来规划和布局，养殖场的规划建设既要考虑近期需要，对渔场投资规模和经营内容进行合理布局，又要考虑到今后发展，为远景规划留有余地。

1. 合理布局

根据养殖场规划要求合理安排各功能区，做到布局协调、结构合理，既满足生产管理需要，又适合长期发展需要。

2. 利用地形结构

充分利用地形结构规划建设养殖设施，做到以养鱼为主，合理安排各类鱼池的建设面积和位置，而后安排相应的饲料地、其他农牧副业生产和设施的位置与面积。

3. 既要合理又要经济，就地取材，因地制宜

在养殖场设计建设中，要优先考虑选用当地建材，做到取材方便、经济可靠。

4. 搞好土地和水面规划

养殖场规划建设要充分考虑养殖场土地的综合利用问题，利用好沟渠、塘埂等土地资源，实现养殖生产的循环发展。

养殖场的布局结构，一般分为池塘养殖区、办公生活区、水处理区等。

二、鱼塘平面布局

1. 布局形式

养殖场的池塘布局一般由场地地形所决定，狭长形场地内的池塘排列一般为"非"字形。地势平坦场区的池塘排列一般采用"围"字形布局。池塘布局有两种形式：一种是以近水源处为起点，亲鱼池、产卵池和孵化场依次排列。鱼苗塘紧靠孵化场，鱼种塘围绕鱼苗塘并与成鱼塘相邻。生产性能、面积和形状相同的鱼塘集中连片。另一种是以户为单位，实行鱼苗塘、鱼种塘、成鱼塘和住房的配套。

2. 鱼塘水面与渔场总面积的比例

渔场除鱼塘外，还有堤埂、道路、水渠、房屋及其他各渔业设施等。一般单一经营的小渔场（水面50亩①以下），鱼塘水面可占渔场总面积的80%左右。综合经营的大、中型渔场，鱼塘水面占渔场总面积的60%～70%为宜。

---

① 亩为非法定计量单位，1亩 ≈ 666.67平方米。

3. 各类鱼塘间的配套比例

鱼塘配套比例主要根据渔场的生产对象和生产需要而定。生产鱼种为主的中、小渔场，鱼种塘面积可占到70%左右；生产食用鱼为主的渔场，成鱼塘面积应占到鱼塘总水面的80%左右。以提供商品鱼为主的渔场，成鱼塘的面积可占80%以上。新养鱼区的渔场，鱼种塘可占到30%左右。

三、鱼塘堤埂布局

鱼塘的堤埂布局，要根据养殖场的面积、规模、生产需要以及土质情况因地制宜地确定。采用种草养鱼的渔场，利用堤埂种植青饲料，堤埂的面积应占鱼塘水面的30%以上。

堤埂面宽不仅能够扩大种植面积，还可建畜、禽棚舍，作交通通道，修渠，插电杆，使水、电、路都由堤面通过。渔场清塘排淤时，能够就近消淤肥土，有利于种植作物的生长。

堤埂堤坡的坡比最低限度为1∶2。堤坡的坡比大，能够减少施工时土方的运载量，节省挖塘工程造价，鱼塘投产后，可减少风浪的冲刷造成的溜坡和塌堤。

第三节　养殖池塘设计建设与改造

一、鱼塘设计要点

鱼塘是渔场的主体建筑，可分为鱼苗、鱼种、成鱼、亲鱼和越冬鱼塘。鱼塘设计应包括形状、面积、深度和塘底。

1. 鱼塘的形状、朝向

池塘形状主要取决于地形、品种等要求。通常为长方形，东西向，排列整齐，大小相近，长宽比为2~4∶1。这样的鱼塘遮荫少，长宽比大的池塘水流状态较好，有利于拉网操作。为了充分利用土地、四周边角地带，根据地形也可安排一些边角塘。池塘的朝向应结合场地的地形、水文、风向等因素，尽量使池面充分接受阳光照射，有利于塘中浮游生物的光合作用和生产繁殖，满足水中天然饵料的生长需要。池塘朝向也要考虑是否有利于风力搅动水面，增加溶氧。

2. 鱼塘的面积及深度

鱼塘的面积取决于养殖模式、品种、池塘类型、结构等（表2-1）。面积较大的池塘建设成本低，但不利于生产操作，进排水也不方便。面积较小的池塘建设成本高，虽便于操作，但水面小，风力增氧、水层交换差。在南方地区，成鱼池一般5~15亩，鱼种池一般2~5亩，鱼苗池一般1~2亩。

表2-1　各类鱼塘标准参考表

鱼塘类型	面积（亩）	保水深（米）	长宽比	备注
鱼苗塘	1.5~2	1.5~2	2~3∶1	兼作鱼种塘
鱼种塘	2~5	2~2.5	2~3∶1	
成鱼塘	7~15	2.5~3	2~4∶1	可留宽埂
亲鱼塘	3~4	2.3~3	2~3∶1	应靠近产卵池
越冬塘	5~10	约3	2~3∶1	近水源

池塘水深是指池底至水面的垂直距离，池深是指池底至池堤顶的垂直距离。一般说来，鱼塘的垂直深度应比鱼塘最高水位高出30~50厘米。养鱼池塘有效水深不低于1.5米，一般成鱼池的深度在2.5~3米，鱼种池在2.0~2.5米。池埂顶面一般要高出池中水面0.5米左右。深水池塘一般是指水深超过3米以上的池塘，深水池塘可以增加单位面积的产量，节约土地，但需要解决水层交换、增氧等问题。

3. 塘底

池塘底部要平坦，同时应有相应的坡度，并开挖相应的排水沟和集池坑。池塘底部的坡度一般为1∶200~500。在池塘宽度方向，应使两侧向池中心倾斜。

面积较大且长宽比较小的池塘，底部应建设主沟和支沟组成的排水沟（图2-1）。主沟最小纵向坡度为1∶1 000，支沟最小纵向坡度为1∶200。相邻的支沟相距一般为10~50米，主沟宽一般为0.5~1米，深0.3~0.8米。

图2-1　排水沟

面积较大的池塘可按照"回"形鱼池建设，池塘底部建设有台地和沟槽（图2-2）。台地及沟槽应平整，台面应倾斜于沟，坡降为1∶1 000～2 000，沟、台面积比一般为1∶4～5，沟深一般为0.2～0.5米。沟槽的作用：一是便于排水捕捞底层鱼，二是干塘时给未捕净的鱼或鱼种一个存身之地，以减少受伤或死亡。

图2-2　"回"形鱼池

4. 塘堤

塘堤是池塘的轮廓基础，塘堤结构对于维持池塘的形状、方便生产以及提高养殖效果等有很大的影响。塘堤分为堤面、堤高、坡三个方面，设计应根据土质状况、生产要求来确定。

（1）堤面宽度：堤面宽度各地不一，大型渔场的堤面宽度兼顾行车、种植、埋电杆、开渠、建分水井、清塘消淤六个方面。

一般主堤面宽10～12米。副堤面一般在8米左右。

（2）堤高：堤高就是从堤面到鱼塘底部的垂直高度。不同类型的鱼塘，它的堤高不一样。一般堤高都要比鱼塘最高水位高出50厘米左右。

（3）坡比：所谓坡比就是堤高与坡底之比。坡比的大小要根据不同鱼塘不同土质等情况来确定。土质好，浅水小塘的坡比一般是1：1.5～2。深水大塘或土质差，其坡比可以加大到1：3。坡比大，便于施工、生产操作和管理，不易塌陷，还能在坡面上种植青饲料。

5. 进排水系统设计要点

进、排水系统由水源、进水口、各类渠道、水闸、集水池、分水口、排水沟等部分组成。进排水渠道要畅通，鱼池进水与排水口应设斜对处。

二、池塘改造

鱼池条件直接关系着鱼产量的高低。鱼塘改造主要是指鱼池水浅，堤埂过低，鱼池不能灌排水，塘底淤泥过厚，鱼塘形状不规则，不利于排涝和管理。另外由于使用多年，部分多年养鱼池塘的"老化"进程加速，有效养殖周期明显缩短，因此有必要对养殖池塘进行改造翻新。

1. "老化"鱼塘主要表现及危害

（1）养殖水体普遍发现富营养化

常见的鱼池水中溶解或者非溶解态有机物质的浓度增高，氮、磷含量上升，pH值和生化耗氧量超出正常范围，透明度下降，水色变绿，硅藻等常见的优势种类被鞭毛藻等代替。情况严重的地方，上述富营养化已经扩展到池外水域，生态平衡受到严重威胁。

（2）池底"黑化"程度加剧

养殖期内，几乎有一半以上的池底长期处于严重的还原状态，变黑和发臭异常迅速。有的在局部，有的则大面积发生。池底生物组成贫乏，多样性指数明显下降，可以充作饵料的底栖生物几乎绝迹。这种现象是鱼池"老化"的原因之一，对养殖生产非常不利。

（3）饵料利用效率下降

养殖过程中，一方面出现残饵数量不断增多，另一方面对鱼的空胃率却不断提高。池养鱼类的活力变弱，饵料系数逐年有所提高。

（4）鱼类受到的主要危害

①影响品质：由于池底黑化后发黑发臭，鱼类长期在这样的环境下会影响其体色及肉质，使体色不鲜艳、口味差，影响售价。

②影响生长：鱼类喜清新的环境，底质受到污染而黑化后会产生有害物质，不利于鱼的生长。

③引发疾病，造成死亡：池底黑化，造成底部污染，易滋生细菌，细菌大量繁殖会导致鱼病发生，轻则影响生产，重则引起大量死亡。

2. 池塘"老化"的原因

（1）由于养殖前未进行清淤或清淤不彻底，存留的淤泥中含有大量有机物质，水温适宜时发黑变臭。

（2）放养密度过大，投饲量过大或投饲太集中，造成饲料过剩，一段时间内残饲及大量鱼类的排泄物及有机碎屑不能分解、转化而沉积在池塘底导致水体混浊，腐败变质，发黑发臭，继而污染池底。

（3）大量使用生石灰和漂白粉，致使塘底严重钙化，养殖池水自净能力下降，塘底对养殖池水的缓冲能力下降，并且钙化后的塘底易使养殖池水相对缺乏磷酸盐和可溶性硅酸盐。

（4）池底生长大量水草及藻类，条件不适时水草藻类死亡，时间过长引起腐烂变质，造成池底发黑。

3. 池塘整治主要采取的措施

（1）池塘维修

主要有修理闸门，清除闸门壁上的牡蛎等有害生物，加固塘堤，整理堤面，使堤面适当向外倾斜，避免更多的雨水和有害物质进入池塘。

（2）底质改良

即把大塘改小塘，成鱼塘一般水面8～15亩左右为宜，鱼种池水面3～5亩，鱼苗发花池的面积应控制在2~3亩。清除污泥，处理底质。池塘底泥以壤土为好，其保肥、保水性能强；沙质土保水性能差；黏土易浑浊，常会因淤泥过厚、腐殖质发酵产生有害气体及大量耗氧，在拉网操作时也不方便。沙质底泥的改良可在池底补铺约20厘米厚的壤土或黏土，同时注意池壁防漏；黏土底质的改良可通过多次冲洗池塘，用人工或机械清除过多淤泥，同时加以70克/米²生石灰处理后曝晒；也可填砂铺底，或者铺设薄膜或水泥底等。底质处理完毕后再用20毫克/升微生态活菌制剂浸塘5~7天，分解有机物，改良土壤。

（3）浅塘改深塘

深水环境有利于鱼类适应气候的变化和栖息生活，并且可以通过提高放养数量、成活率提高产量。池塘挖深可将开挖的底泥铺在池埂上，也可另行挖土填高池埂。一般成鱼塘水深2.5~3米，鱼种池水深2米左右，鱼苗池水深在1~1.5米。池塘改深后，在底土和池壁表面用高浓度的池底消毒剂全池喷洒，对池塘新环境进行彻底消毒。

（4）加强增氧设施的配备

"老化"的养殖池塘在养殖中后期时，水质容易变化，导致溶解氧匮缺，要尽可能地配置增氧设备，把死水塘改造成活水塘，其办法是：修建简易引水渠道，使鱼池和水源相通，和排水沟相连；采用机械抽水，定期更换鱼池用水；渔农两用，打机井引用地下水入塘。可按每4.5亩养殖水面配备2台水车式增氧机＋1台沉管式增氧机＋1台射流式增氧机。

（5）改善进排水系统

进、排水渠道必须独立（图2-3），要求水体排灌方便，以防止新、老海水互相混杂或者出现海水"回笼"和"串池"；养殖场应有足够的贮水能力（贮水塘水体要求占鱼池总水体的1/20左右或者更多），避免接纳富含有机质的工业废水及生活废水污染养殖池塘。提倡对池塘增加中间排污设施（管道）。这是因为开动增氧设施时，池底污染物会在旋转作用力带动下集中至池中底凹部。不定期地开启中间排污设施闸门，可以在增氧机配合下把池底污物吸到池外污水处理沟，确保池塘内环境因子处在最佳控制范围内。

图2-3　进、排水系统

左：排水；右：进水

第四节　养殖尾水处理

水产养殖过程中，因改善水质而向养殖池塘外排出的含磷等元素较高的水，称为养殖尾水。养殖尾水处理就是通过生态塘中多条食物链的物质迁移、转化和能量传递，将进入塘中的有机污染物进行降解和转化，实现水质的高效净化和循环利用。

一、养殖尾水净化工艺

池塘养殖尾水通过排水管渠进行收集。针对池塘养殖尾水特点，构建由沉淀池＋曝气生物滤池＋人工潜流湿地＋生态净化塘组成的尾水净化工艺，利用强化沉淀过滤、曝气增氧、湿地过滤和微生物降解、水生态修复等作用，降解去除水体中的化学需氧量、氨氮、总磷、总氮、藻类等含量，实现水的达标排放和循环利用。

根据养殖尾水排放或循环利用需要，可分为标准处理工艺和简化处理工艺两种类型。

（1）标准处理工艺：处理后水质达到排放标准，可循环使用或达标排放。主要包括养殖池塘——排水渠（管道）——沉淀池——过滤坝（池）——曝气氧化池——生态净化池——外部河道（养殖池塘）等处理流程。

（2）简化处理工艺：可减少池塘污染，池塘养殖尾水处理后循化使用。主要包括养殖池塘——排水渠（管道）——生态循环池——养殖池塘的内部循环流程。

（3）采用标准处理工艺的水治理设施总面积约为养殖总面积的5%～10%，采用简化处理工艺搭配的生态循环池，其水治理设施总面积需达到养殖总面积的2%以上。

二、池塘养殖水治理设施与设备

1.标准处理工艺

池塘养殖水治理标准处理工艺如图2-4所示。

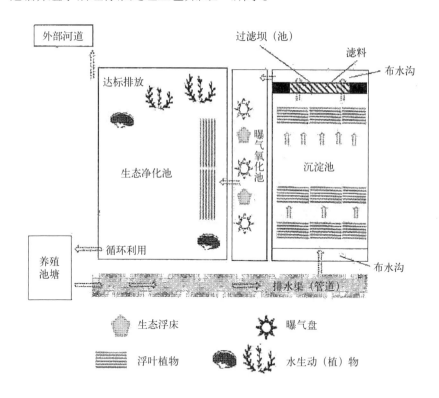

图2-4　池塘养殖水治理标准处理工艺

2.排水渠（管道）

在水产养殖区按一定面积比例构建的以生物系统为核心净化水产养殖尾水、连接水产养殖池塘与生态净化池的沟渠，称为生态沟渠（图2-5）。

图2-5　生态沟渠

生态渠道面积按养殖面积的1%左右建设。若养殖场已有生态渠道，可通过适当拓宽和挖深等方式，提高渠道储排水的能力，改造好的排水渠道可种植适量水处理能力较强的水生生物进行水质初步净化；最终将初步处理的养殖水汇集至沉淀池。养殖区域内若无可利用的渠道，可通过管道将池塘串联起来，将养殖排放水汇集至沉淀池。规格大小可根据养殖阶段和尾水排放量适时调整。

沟渠的断面为等腰梯形，上宽大于2.6米，底宽1.0米，深0.8米（图2-6）。

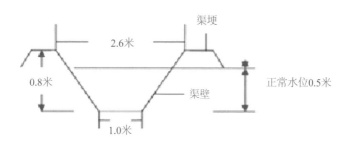

图2-6　生态沟渠断面示意

（1）生物配置

①植物选择。选择对氮、磷等元素具有较强吸取、转化、利用能力、根系发达、生长茂盛，具有一定的经济价值或易于处置利用，并可形成良好生态景观的植物。水生植物面积占生态沟渠水面面积的60%左右。

②动物选择。选择对溶解氧、水温等条件要求较宽、生长繁育能力较强的滤食浮游生物及草食性、杂食性的水生动物。鱼类的放养密度为每亩30～50尾，贝

类50～100千克。

（2）常见的水生生物

①沉水植物：如轮叶黑藻、苦草、伊乐藻等。植物体的各部分都可吸收水分和养料，通气组织特别发达，有利于在水中缺乏空气的情况下进行气体交换。在生长过程中会吸收水体中的营养物质，包括氮、磷等，对缓解水体富营养化起到积极作用（图2-7）。

图2-7　沉水植物

左：轮叶黑藻；右：苦草

②浮叶植物：如睡莲、莲、雍菜、水鳖、荇菜等。浮叶植物生于浅水中，根长在水底土中的植物，性喜在温暖、湿润、阳光充足的环境中生长。浮水植物在净化水体中起着重要的作用。有研究表明，睡莲根能吸收水中的汞、铅、苯酚等有毒物质，还能过滤水中的微生物，是难得的水体净化的植物材料，所以在水体净化、绿化、美化中备受重视（图2-8）。

图2-8　浮叶植物

左：睡莲；右：雍菜

③挺水植物：如芦苇、蒲草、荸荠、莲、水芹、荷花、香蒲、茭白、鸢尾等。挺水植物因其在水体中的生态功能，在水污染防治中具有重大的应用价值。有研究对8种挺水植物对污染水体的净化效果比较，结果表明，在水体停留5天，绝大部分对化学需氧量有明显的去除效果，达90%以上；停留7天，各植物对水体中氨氮、总氮、总磷均有较显著的去除效果。其中以宽叶香蒲、茭白和黄花鸢尾尤为突出（图2-9）。

图2-9　挺水植物

左：荷花；右：茭白

④水生动物：鲻、篮子鱼、鲢、鳙、牡蛎、蛤仔、河蚌、田螺等，这些水生动物就像小小的生物过滤器，昼夜不停地过滤着水体。

海水种类（图2-10）：

鲻以铲食泥表的周丛生物为生，饵料有矽藻、腐殖质、多毛类和摇蚊幼虫等，也食小虾和小型软体动物。稚鱼后期主要摄食浮游动物。

篮子鱼是杂食性鱼类，以植物性食物为主，但经过人工驯化后也能食配合饲料，可以和所有鱼种搭配养。

牡蛎以壳黏着在其他物体上而行固着，过滤取食，依靠水体中的微型海藻和有机碎屑为食。

蛤仔多栖于有适量淡水注入的内湾。以水管伸出滩面滤食。食物主要为浮游及底栖硅藻类。被动滤食。

图 2-10　海水水生动物

上左：篮子鱼；上右：鲻；下左：牡蛎；下右：蛤仔

淡水种类（图2-11）：

鲢栖息于江河干流及附属水体的上层。以浮游植物为主食，但是鱼苗阶段仍以浮游动物为食，是一种典型的浮游生物食性的鱼类。

鳙生活于江河干流、平缓的河湾、湖泊和水库的中上层，从鱼苗到成鱼阶段都是以浮游动物为主食，兼食浮游植物，是典型的浮游生物食性的鱼类。在人工饲养条件下，也食豆饼、米糠、酒糟等人工饲料，以及禽畜的粪便。

河蚌多栖息于淤泥底质、水流略缓或静水水域内，以有机质颗粒、轮虫、鞭毛虫、藻类、小的甲壳类等为食。

田螺食性杂，主要吃水生植物嫩茎叶、藻类、细菌和有机碎屑等，也滤食浮游生物。

图2-11　淡水水生动物

上左：鲢；上右：鳙；下左：河蚌；下右：田螺

（3）生态沟渠塘管护

①定期收成、利用生态沟渠中的水生动、植物。

②减少沟渠堤岸植物受岸上人类活动、沟渠水流、沟渠开发等的阻碍，爱护一定密度的旱生植物和水生植物，爱护生态多样性。

③沟底淤积物超过20厘米或杂草丛生，严重阻碍水流的区段，要及时清除，保证沟渠畅通和水生生物的正常生长。

3. 沉淀池

主要用于去除养殖水体中的悬浮物质、排泄物、残渣等。沉淀池需布水均匀，在沉淀池前后各设置一条布水沟，增加水的缓冲，保证沉淀池布水均匀，防止出现短路流和死水区。同时在池中种植浮叶植物，或布设生态浮床，稳定期覆盖面积不低于沉淀池面积的60%。沉淀池面积占治理设施总面积的30%～40%，尽量设置在养殖场交通相对较方便的位置，便于捞取处理沉淀物。

4. 过滤坝（池）

在沉淀池与曝气池之间建设过滤坝，在坝体中填充大小不一的滤料，滤料可选择碎石、棕片、陶瓷珠等多孔吸附介质，进一步滤去水中的悬浮物。过滤坝可采用两排空心砖结构搭建外部结构，间隔不少于2米，空心砖孔方向与水流方向保持一致。可结合景观效果种植部分植物（图2-12）。

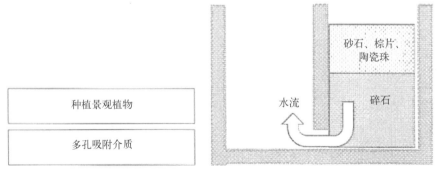

图2-12　过滤坝（池）

左：平面图；右：截面图

5. 曝气氧化池

用于增加水体中的溶氧量，加快有机污染物氧化分解。在曝气氧化池内铺设曝气盘或微孔曝气管。若底泥较厚，应铺设地膜作为隔绝层，防止底泥污染物的释放。同时布设生态浮床。面积不小于曝气氧化池的10%。曝气池面积占治理设施总面积的10%左右。

6. 生态净化池

生态净化池主要利用不同营养层次的水生生物最大程度的去除水体污染物，池内底部种植沉水植物和浮叶植物，四周种植挺水植物，以吸收净化水体中的氮、磷等营养盐（覆盖面积不小于生态净化池的40%），可适当放养滤食性水生动物。生态净化池面积占治理设施总面积的40%～50%。

7. 简化处理工艺

池塘养殖水治理简化处理工艺如图2-13所示。

生态循环池通过去除水体污染物，增加水体溶解氧，实现养殖水体的高效率循环利用。建设独立的处理池，池中配置喷泉式曝气机等活水设备，种植各种挺水、沉水和漂浮植物（或安置生物浮床）。稳定期水生植物覆盖面积及覆盖度达到水面的60%，同时投放滤食性水生动物。

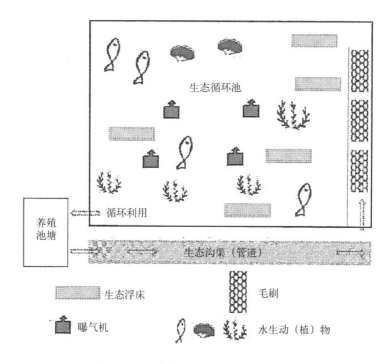

图2-13　池塘养殖水治理简化处理工艺

三、池塘养殖水治理要求

池塘养殖水经处理后循环再利用或达标向外排放。采用池塘养殖水治理标准处理工艺的，治理后对排入河湖的养殖水的化学需氧量、总氮、总磷等主要指标不低于受纳水体的水质目标。采用池塘养殖水治理简化循环工艺的，各项相关水质指标要达到养殖水质要求，循环再利用。

养殖尾水通过生态净化处理后，总氮的平均去除率应不低于50%、总磷的总氮的平均去除率应不低于40%。

1. 取样点的选择

以养殖池塘排水生态沟渠出水口和生态净化出水口作为水质检测取样点。

2. 检测指标

化学耗氧量、总氮、总磷三项水质指标。

3. 检测方法

（1）化学耗氧量。采用GB11914—1989重铬酸盐法。

（2）总氮。采用GB11894—1989碱性过硫酸钾消解紫外分光光度法。

（3）总磷。采用GB11893—1989钼酸铵分光光度法。

四、配套池塘原位处理设施设备

池塘水体净化设施是利用池塘的自然条件和生态坡、生物浮床以及增氧机等构建的原位水体净化设施。

1. 生态坡

利用砂石、绿化砖、植被网等固着物铺设在池塘边坡上，并在其上栽种植物，利用水泵和布水管线将池塘底部的水提升并均匀地布撒到生态坡上，通过生态坡的渗滤作用和植物吸收作用去除养殖水体中的氮磷等营养物质，达到净化水体的目的（图2-14）。

2. 生物浮床

生物浮床，是指在富营养化水体的水面上以浮床为载体，种植根系发达的水生植物或耐湿植物。通过植物根茎吸收、吸附水体中部分营养盐、有毒物质，降低水体中氮、磷浓度，并通过收获植物体的形式，将吸附积累在植物根系表面及植物体内的污染物移出水体，从而降低水体的富营养程度。并为多种生物生息繁衍提供条件，从而改善水环境（图2-15）。

图2-14　生态坡

图2-15　生物浮床

3. 增氧机

　　增氧机是通过电动机或柴油发动机等能源驱动工作部件以将空气中的氧气快速转移到水产养殖中的装置。可以增加水体溶解氧，促进上下层水体交换混合。增加池塘底层溶解氧，有效改善池塘水质。增氧机主要有水车式增氧机、叶轮式增氧机、涌浪增氧机、射流式增氧机等类型。

第三章 黄鳍鲷的种苗繁育

第一节 天然种苗生产

一、种苗生产

目前黄鳍鲷养殖所需的种苗，除了人工繁殖生产外，还有一部分依靠捕捞海区天然鱼苗。

捕捞黄鳍鲷幼苗要掌握好几个技术环节：

（1）生产季节。捕捞黄鳍鲷苗的季节于每年11月下旬至翌年2月下旬。初次见苗时间为11月中旬，旺发期为12月至1月，2月下旬以后，鱼苗长大分散，只能捕到少量大苗。

（2）鱼苗规格与群体变动。每年"立冬"前，黄鳍鲷开始产卵，幼苗孵化以后成群地游向河口和内湾觅食。11月中旬开始出现少量体长0.5厘米的鱼苗，靠岸的幼苗群体越来越大，至体长2厘米左右时群体最大，2月下旬后，鱼苗长至3厘米以上，并游向较深水海区。

二、鱼苗的捕捞工具及方法

沿海群众捕捞鲷鱼苗的渔具因各地条件和生产经验不同而多种多样，归纳起来有以下三种类型：小拖曳网、麻布围网和罾网等。

（1）拖网。由二网袖和中央的囊网组成。网片呈长方形，长40米，高3.3米，网目0.7厘米，用苧索编成，拉绳上系有贝壳、羽毛等物，以惊吓鱼苗。发现鱼群时，用网包围，两人向岸边拖曳，鱼苗进入囊网中，然后解开囊尾，使鱼苗放入盛有半咸淡水的鱼桶中。福建、江苏等地采用此种网具。广东汕头沿海采用小拖网捕鱼苗，其网身用粗麻布或尼龙网布编成，网长8.5米，上腹网2米，下腹网5米，两边袖网伸长各3.5米，袖网高由2米缩至末端0.42米，上纲缚浮子，下纲缚沉子（图3-1）。

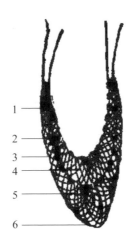

图3-1 小拖网

1.沉子；2.浮子；3.袖网；4.下腹网；5.上腹网；6.网袋

（2）围网。适于内湾平滩，在水深2米以下处作业，网呈长方形。规格不一，一般网长10米，高1.5米，用棉线或尼龙线织成。上埂拴浮子，下埂拴沉子。两端一麻绳主缆。发现鱼苗后，顺风围捕，操作必须手勤眼快，动作协调，由深水向浅水围拉，捞苗时，网不离水，以免鱼苗逃窜，这样捕苗量大。广东汕头沿海用的小围网用苎麻线织成，网目0.3～0.5厘米，网长10～20米，高3～4米（图3-2）。

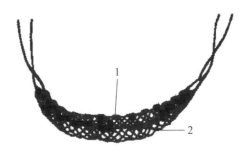

图3-2 小围网

1.沉子；2.浮子

（3）罾网。为3～9米长宽相等的方形网具，网目0.4～2厘米，用棉线或锦纶线织成。多在咸淡水交汇的港口、淡水出口的闸门或潮沟出口处张捕。最好在月暗的夜晚进行，易张捕到苗。为了增加捕苗效果，常在网中吊放新鲜碎螃蟹作饵料来诱集鱼苗而捕之（图3-3）。

图3-3　罾网

（4）捕捞方法。围网和拖网的捕捞地点选在近海河口和内湾咸淡水交汇的浅滩，底质砂砾，盐度14～15的海区。中后期可在围海内猎捕。捕捞时间选在大溯潮退潮后的平流时进行，因为这时幼苗未能随水退出，停留在浅滩容易捕捞。捕捞时两个人在两边拖网，另两个人在前面用蚶壳绳赶苗，让苗慢慢游入网内，然后慢慢收拢网。收网时要注意防止鱼苗附网摩擦受伤，又要防止把水搅浑，导致幼苗缺氧窒息死亡。捞取鱼苗时要小心，慢慢放入事先准备好的桶或网箱。这两种网具的捕捞量较大。每张网一流次可捕获幼苗30 000～40 000尾。

罾网的捕捞则要选择在涨潮时进行，一流次可捕获1 500～2 000尾。

（5）除杂。捕捞的黄鳍鲷幼苗往往还混杂有其他鱼类的幼苗，主要混杂的幼苗有鲻、棱鲻、花鲈、银鲈等，为了养殖种苗纯，必须用鱼筛或剔除的方法把混杂的其他鱼苗分开。质量好的鱼苗，鱼体肥满，色泽鲜艳，鳞片和鳍条完整，体无受伤，游泳活泼，喜欢顶风逆流群游，质量差的鱼苗，体色暗淡，鱼体受伤，鳞片脱落，皮肤充血，鳍条破裂，甚至已感染了水霉病，这样的鱼苗不宜再运往其他地方放养。

（6）暂养。将采集的鱼苗进行挑选，筛选体表完整，游泳正常的健康鱼苗，暂养在停靠在捕捞地点附近水质良好、水流平缓的海域的活水船舱。或置于岸边不远的水池或网箱中，所用海水应尽量接近捕捞水域的水质条件，并开动增氧机，暂养1天以上再起运。

第二节 人工繁育种苗生产

一、亲鱼的来源

作为黄鳍鲷人工繁殖的亲鱼，主要来源于四方面。

（1）在海区、河口捕获或在咸淡水水域中捕获接近成熟的亲鱼，进行人工催产。在海里捕捞的亲鱼，一般宜在冬季或早春进行，因当时水温低，便于运输。从天然水体中捕获的亲鱼最好经过1年以上人工强化培育，这样的亲鱼成熟率高，催产有把握，且性温顺，催产不易受伤。

（2）在珠江三角洲西部地区的广州番禺、南沙、珠海金湾、斗门等地的咸淡水或淡水养殖场向养殖户收购大龄的黄鳍鲷，用活鱼运输车进行循环洒水运输，运回种苗生产基地继续培育至性腺发育成熟。同时，每年均留养一定数量的后备亲鱼，形成一个年龄梯队。

（3）将在海上钓捕的鱼放在网箱中培养成亲鱼。

（4）在有条件的地方，应以自己培育亲鱼为主，逐年选留，做到自养自繁。每年1—4月，在海区捕获天然黄鳍鲷鱼苗，全长为10～40毫米，置于用窗纱制成的网箱中标粗，当鱼苗长至全长50～60毫米以上时，分别移到水泥池土池中与鲻科鱼类及篮子鱼混养。

利用闸门网、刺网或钓钩等渔具捕获性成熟的亲鱼，移入活水舱或活鱼运输车速运到繁殖场，再用鱼布袋或其他容器以干法或带水移入暂养池。若亲鱼因运输过程中缺氧，放入池中后侧卧池底，只要鳃盖和口部尚有微动，立刻对准口部冲水抢救，数分种后，亲鱼即可恢复常态。捕捞、运输以及移入暂养池等过程都应细心操作，以避免亲鱼受伤（图3-4）。

图3-4 选留亲鱼

二、亲鱼的选择和培育

1. 亲鱼的来源

亲鱼挑选通常是在已达到性腺成熟年龄的鱼中，挑选健康、无伤，体表完整、色泽鲜艳，生物学特征明显、活力好的鱼作为亲鱼。在一批亲鱼中，雄鱼和雌鱼最好从不同地方来源的鱼中挑选，防止近亲繁殖，使种质不退化，从而保证种苗的质量。亲本不能过少，一般应达到150～200尾，所选择的最好是远缘亲本，并应定期地检测和补充，使得亲本群体一直处于最为强壮的阶段。

2. 亲鱼培育设施

亲鱼池面积以1～2亩为宜，水深1～1.5米左右，沙泥底质，池底平坦，进排水方便，放养前应修池塘，清除淤泥，每亩投放生石灰150千克或茶籽50千克。也可在海上网箱中培育亲鱼，网箱规格通常为2.5米×2.5米×2.5米或3米×3米×3米等。

3. 日常管理

（1）放养密度。专池培育时每亩放养亲鱼80～110尾，同时放养数尾鲻，借以清理池中剩饵及有机碎屑。混养于鲻或四大家鱼池的亲鱼，每亩搭配20～30尾黄鳍鲷。海上网箱放养密度以10千克/米³为宜。

（2）投喂饲料。每天投喂饲料2次，上午7:00—8:00时、下午3:00—4:00时各喂一次，日投喂量为鱼体质量的3%～6%，如有条件，池塘中可适当放养少量罗非鱼，利用该鱼繁殖的幼鱼作为亲鱼饵料。

（3）定期冲注新水。每7～10天冲注新水一次，每次加水15厘米左右，保持水质清新。

（4）适时开增氧机。黄鳍鲷需氧量较高，鱼严重浮头后，不易存活。因此应定期进行水质分析，坚持每天巡塘、观察池水水色及亲鱼的动态，22:00时到翌日6:00时开增氧机，防止亲鱼缺氧浮头。

（5）定期施放微生物水质改良剂，调节水质，降解亲鱼养殖代谢产物。

4. 亲鱼的选择

亲鱼应选择体质健壮、无伤病、外表鲜艳者，雄鱼选择轻挤后腹，即有乳白色浓稠精液流出者为好，供自然产卵受精用的雄鱼，则要求个体较大，一般体质量应在250克以上（图3-5）。

图3-5 检查雄鱼

雌性亲鱼选择体质量在400克以上，体光滑无损，腹部膨大，卵巢软，轮廓明显延伸到肛门附近，用手轻压腹前后均松软，腹部鳞片疏开，生殖孔微红，肛门稍突出，卵径450～500微米以上，卵粒呈橙黄色或淡黄色，彼此之间易分离者为完好的成熟亲鱼（图3-6）。从外观上选择成熟亲鱼有时比较困难，检查前一定要停食1～2天，避免饱腹造成的假象，选择时将腹部朝上，两侧卵巢下坠，腹中线下凹，卵巢轮廓明显，后腹部松软者为好。按此标准挑选出来的亲鱼，一般催产效果较好。

图3-6 成熟的黄鳍鲷雌性亲鱼

三、催产

根据亲鱼的解剖和催产效果及气候条件，广东地区的黄鳍鲷催产期在10月中旬至11月底为宜。

采用绒毛膜促性腺激素（HCG）和促黄体生成素释放激素类似物（LRH-A），单一或混合行胸腔或背部注射（图3-7）。雌鱼注射量HCG为1 200国际单位，LRH-A为20微克/千克体质量，混合使用时各半或两者适当增减。一般作2次注射，注射间隔为24小时。第一次注射量为总剂量的1/3或1/2，第二次用完余量，雄鱼注射剂量减半。然后按雌雄1∶2～3的比例将亲鱼放入产卵池，充气。

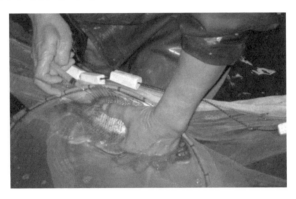

图3-7 黄鳍鲷亲鱼催产

四、受精

采用自然受精或人工授精2种方法：

1. 自然受精

让亲鱼在产卵池的网箱中自行排放精卵，然后加入流水，使受精卵穿过网目沿着产卵池上通往孵化池的出水口，收集到安放在孵化池里的孵化网箱中（图3-8），或收集在孵化池里，或直接在催产池中捞卵，也可以将排精产卵后的亲鱼捞起，让受精卵在原水池中孵化。

图3-8 集卵

2. 人工授精

人工授精法视雌鱼腹部膨胀程度，或用挖卵器检查而决定采卵时间。以干法进行受精。受精时，将鱼提起，迅速揩去鱼体表水分和黏液，先挤精子于干净的盆中，随后即挤入卵子，也可先挤卵，后加精，用鸡毛轻轻搅拌约1分钟，使精卵充分混合，再加入少量清洁海水，稍加搅拌后，让其静置约15分钟，再用清洁海水洗卵，吸除去多余的精液，然后将上浮的受精卵移入较大的容器或网箱中孵化，待发育到原肠期，取样计算受精率。

五、孵化与胚胎发育

黄鳍鲷的卵子圆形，无色透明，人工催产产出的卵，卵径760～840微米，卵内有一个直径220～230微米的油球，成熟的卵子，在水中比重1.020以上为浮性，1.012以下为沉性，在两比重之间呈悬浮状。精子头长2.5～3.25微米，尾长9～10.5微米。

黄鳍鲷受精卵孵化的适宜温度为18～22.8℃，其受精率可达82.5%，孵化率可达69.8%。

在水温20.5～22.6℃、比重1.024、pH值8.2的条件下，黄鳍鲷的胚胎发育过程如表3-1和图3-9所示。

表3-1　黄鳍鲷的胚胎发育（引自郑运通等，1986）

发育期	受精后时间（时:分）	发育特征
受精卵	0:00	出现围卵黄周隙，隙宽0.01～0.02毫米
胚胞隆起	0:14	原生质集中于动物极，形成帽状胚胞
2细胞	0:47	第一次分裂
4细胞	1:03	第二次分裂
8细胞	1:24	第三次分裂
16细胞	1:47	第四次分裂
32细胞	2:05	第五次分裂
64细胞	2:25	第六次分裂

续表

发育期	受精后时间 （时:分）	发育特征
多细胞	2:50	分裂后期，细胞越分越小，形成桑葚状多细胞体
高囊胚期	4:00	胚胎分裂成高帽状，分裂细胞较大
低囊胚期	5:07	胚层变扁，分裂细胞较小
原肠初期	6:33	囊胚层细胞开始下包，出现胚环
原肠中期	9:40	囊胚层下包1/2，形成胚盾
原肠后期	11:15	囊胚层下包卵黄2/3左右
胚体形成期	12:55	囊胚基本覆盖卵黄，胚盾分2～4节
眼囊期	14:05	头部两侧出现眼囊
胚孔封闭期	14:45	胚孔封闭，克氏泡出现，胚体出现点状黑色素细胞，并伸长包围卵黄1/2
脊索出现期	16:05	脊索出现，肌节12对左右，油球上出现黄色素细胞
晶体出现期	19:45	视泡出现晶体，肌节18～20对
心脏跳动期	24:45	心脏开始跳动，胚体频频颤动，胚体约包围卵黄2/3
孵化期	30:35	心脏搏动118～119次/分钟。肌节27对，仔鱼破膜而出

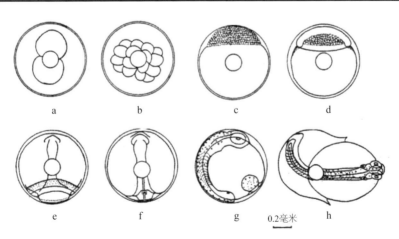

图3-9　黄鳍鲷的胚胎发育（引自郑运通等，1986）

a.2细胞期；b.16细胞期；c.高囊胚期；d.原肠早期；e.胚体形成期；f.胚孔封闭期；

g.晶体形成期；h.孵化

六、仔、稚、幼鱼的发育

初孵仔鱼全长1.78～1.95毫米，肌节27对。卵黄囊椭圆形，长径0.51～0.85毫米，短径0.5～0.6毫米。油球在卵黄囊中央稍后下方或紧贴卵黄囊的后端，直径0.23～0.24毫米。肛门区挨卵黄囊之后，约位于全长的1/2处。仔鱼头部至后腹部两侧及油球表面遍布黄、黑色素细胞。背、尾、臀鳍鳍褶相连接。仔鱼腹部朝上，倒挂或侧卧于水中。

孵出第1天，全长2.6～2.74毫米，卵黄囊缩小约为1/2。

孵出第2天，全长2.83～3.04毫米，肛前体长为全长的1/3。卵黄囊缩小约为3/4，油球径缩小至0.16毫米。眼眶径0.24毫米，眼球径0.068毫米。胸鳍长0.26毫米，仔鱼活动能力增强，部分开始间断平游。

孵出第3天，全长2.9～3.2毫米。卵黄囊被吸收完毕或仅留痕迹。仔鱼开口，口裂0.1毫米，口径0.14～0.15毫米。肠胃分化较明显，直肠盘曲。心脏跳动强烈。腹腔至尾部出现树枝状黑色素细胞，眼睛呈蓝黑色。夜间仔鱼倒挂于水中，白天常聚集于池角（图3-10-a）。

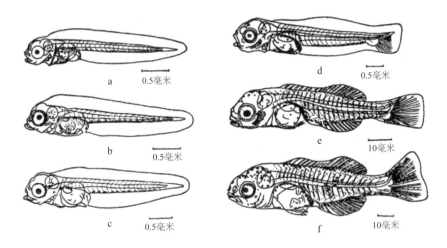

图3-10　黄鳍鲷的仔、稚鱼发育（引自郑运通等，1986）

a. 孵化后3天仔鱼；b. 孵化后5天仔鱼；c. 孵化后10天仔鱼；d. 孵化后20天仔鱼；

e. 孵化后30天稚鱼；f. 孵化后48天幼鱼

孵出第5天，全长3～3.4毫米。油球被完全吸收。鳔出现。消化道变粗，呈浅褐色（图3-10-b）。

孵出第10天，全长3.52~4.4毫米，尾柄收缩，尾鳍鳍条长出。腹腔下部有一行分枝状黑色素细胞（图3-10-c）。

孵出第15天，全长4.25~5.5毫米，肛前长为全长的3.7/10。肌节24~25，呈">"型。头部增大隆起。鳃出现。上下颌已长出两排牙齿。腹腔一带黑色素深。心脏跳动122次/分钟。早晨仔鱼上游水表，中午前后光线较强，一般多活动于池中央附近的水中下层，充气时逆流游向气头附近。

孵出第20天，全长4.56~6.85毫米，背、臀鳍鳍基开始长出，尾鳍呈弧形，个别仔鱼尾鳍条长至17条，分节。耳囊和鳃耙明显。腹侧至尾柄有9~17个不等的分枝状黑色素细胞，镜检可见血液循环，背腹各具两条对流着的血总管，各肌节间也有小血管。仔鱼常常疾游和碰撞池壁。黑夜对光尤为敏感（图3-10-d）。

孵出第25天，全长6~7.45毫米，肛前长为全长的3.89/10。鳃盖上长出6根小刺。尾鳍变成浅"Y"型。尾椎末稍向上翘起，延伸至尾鳍条上方。头顶及头两端出现若干黑色素细胞。

孵出第30天，全长7.6~8.8毫米，鳍条数基本长齐，进入稚鱼期。腹部黑色素细胞分枝状，尾部下面有5束黑色素丛（图3-10-e）。

孵出第48天，全长12.75毫米。体长10.8毫米，头长2.95毫米。肛前长为全长的4.44/10。体高2.6毫米。口径1.13毫米，眼球1毫米，肌节24，脊椎稍弯形。体形特征已同成鱼基本相似。鳔及肠胃四周黄色，头顶部、体背、腹部及尾缘均散有许多深黄色小点状和夹带树枝状黑色素丛。心脏粉红色。鳔蓝绿色。体侧长出斑点状鳞片（图3-10-f）。

第三节　种苗培育

一、室内水泥池培育

1. 环境条件

（1）培育用水

水源充足，注、排水方便。水质应符合GB11607的规定。养殖用水应符合NY5052的规定。育苗用砂滤水或二次沉淀水，水质要清新。

（2）培育池

室内苗种培育池面积以10～50平方米为宜，水深约1米，玻璃纤维水槽（4～5立方米/个）应有微流水和充氧设备。在育苗前须用漂白粉或高锰酸钾溶液彻底消毒、洗净，并接种小球藻和轮虫，在15天内维持50万个细胞/毫升左右。

（3）育苗条件

苗种培育过程的温度以17～22℃为宜，盐度13～25为佳，pH值7.8～8.4，溶解氧5毫克/升以上，光照控制在1 000勒克斯以下。

（4）鱼苗培育

鱼苗培育应采用单养方式，放苗时应准确计数，一次放足。初孵仔鱼的放养密度为10 000～20 000尾/米³，入池后第2～3天开始加水投饵，一周后开始换水，在换水的同时，加入淡水，使池水盐度由30～32逐步降低到25或再低一些。

孵化后第3天大部分仔鱼开口，此时开始投喂轮虫，轮虫密度保持5～15个/毫升。每天投轮虫2次，投喂前计数轮虫密度。仔鱼23日龄前后投喂卤虫无节幼体（图3-11），投饵密度0.5个/毫升，还可补充投喂小型桡足类。40日龄前后投喂人工配合饲料或鱼糜。

图3-11　卤虫孵化

（5）日常管理

育苗期间，每天测定水温、盐度、pH值、溶解氧、氨氮、光照等各种环境因子。育苗前期5～6天静水培养，以后逐步由微流水至流水，日换水量可由10%逐步增至300%。18～20日龄后开始吸底，清除池底污物，吸污清底时暂停充气（图3-12）。

图3-12　换水（左）和吸底（右）

　　黄鳍鲷在鱼苗培育过程中，生长速度不一，个体大小差异悬殊，自相残食严重。因此在鱼苗饲养时，要求个体大小尽量一致，培育过程必须及时过筛（图3-13），按规格分级分池培育，以提高育苗成活率。培育至全长约1.5厘米时，即可转入中间培育阶段。

图3-13　鱼苗过筛

二、室外土池培育

1. 环境条件

室外培苗水池面积1～3亩，水深1米左右，池底平坦，沙泥底层，排灌方便。

2. 清池与肥水

按SC/T1008的规定执行。消毒使用药物应符合NY5071的规定。用生石灰或漂白粉清塘除野，注水时要用80目的筛绢包扎进水口，以防野杂鱼、水母等有害生物进入池中。然后施放经发酵的有机肥料或氮肥，接种轮虫和桡足类，让其大量繁殖。

3. 鱼苗放养

鱼苗下塘前一天须用小型密网箱放养十多尾黄鳍鲷鱼苗试水，证实水中药性消失后才投放鱼苗。初孵仔鱼经室内培育2～7天之后便可以移入室外土池，放养密度为100 000尾/米³左右，仔鱼下塘后，根据池塘中天然饵料的情况，适当补充一些卤虫幼体、鱼虾肉糜或人工配合饲料，并适时施肥。

4. 放养密度与分疏饲养

网箱、网围放养规格为全长1.5～2.5厘米鱼苗300～350尾/米²。经15～20天培育成规格为全长2.5～4厘米，此时将鱼种分疏转入小土池饲养，放养密度为35～40尾/米²，饲养60～90天可养成5～8厘米。

5. 日常管理

需有专人值班，每天巡塘应不少于2次，清晨观察水色和鱼的动态，发现严重浮头或鱼病应及时处理。并做好水质、水温、投饲、摄食、换水及鱼苗状态的检查及记录。

（1）投饲。应定时、定量投喂，保证供给足够的饵料，让较小的鱼也能吃饱。鱼病流行季节，每15天应将饲料台、饲料框、食场消毒一次。

（2）饲料及投喂方法。视规格大小和驯食情况，投喂的饲料有低值冰鲜杂鱼虾、小贝类或配合饲料等，使用的饲料应符合NY5072的规定，动物性饲料应新鲜、清洁卫生。日投饲2～3次，上午投饲与施肥时应注意水质与天气变化，下午清洗饲料台并检查吃食情况。

（3）投饲量。日投饵量低值冰鲜杂鱼虾、小贝类饲料为鱼体总质量8%～10%、配合饲料则为鱼体总质量3%～5%。

（4）水质管理。培育过程保持水质清新，每7～10天注水一次。每15天定期防治鱼病一次，定期开增氧机增氧。

（5）疏苗。坚持定期按规格过筛分疏饲养，以保持密度适中、鱼种规格较为一致，提高成活率。

6. 培养规格

由全长1.5厘米的鱼苗培育至全长5～8厘米的规格。

第四章　黄鳍鲷的成鱼养殖

第一节　池塘清整消毒

一、池塘及水体消毒的目的

池塘清整是为了改善池塘条件，为鱼种培育创造良好的生态环境。有些池塘由于多年养殖生产，池底淤泥增厚，池埂也因常年风吹雨淋及风浪冲击失修严重，甚至出现崩塌、漏水，对这样的池子应进行清整。在冬季或农闲时将池水排干，挖出池底淤泥，让池底自然曝晒。

池塘养过鱼以后，由于死亡的生物体（浮游生物、细菌等）、鱼粪便、残存饵料和有机肥料等不断沉积，加上泥沙混合，使池底形成一层较厚的淤泥。池塘中淤泥过多时，当天热、水温升高后，大量腐殖质经细菌作用，急剧氧化分解，消耗大量的氧，使池塘下层水中的氧消耗殆尽，造成缺氧状态。在缺氧条件下，嫌气性细菌大量繁殖，对腐殖质进行发酵作用，而产生多量的有机酸、硫化氢和沼气等有毒物质，使水质恶化、危害鱼类。另外，各种致病菌和寄生虫大量潜伏，害鱼、杂鱼等也因注水而进入池内，这些都对鱼类生长不利。因此，必须做好池塘清整工作，而且每年都要重复1次。

二、清塘及水体消毒使用药物的原则

在使用清塘、消毒药物时，除了认清正宗厂家产品外，还要坚持以下原则：

（1）尽量使用不污染环境且成本低的药物。

（2）放养前的清塘及水体消毒，用药浓度宁大勿小，以达到彻底杀灭敌害生物的目的。

（3）放苗前的水体消毒要安排足够的时间，一定要待药性失效后才能放入鱼苗。

（4）养殖期间的水体消毒，要合理掌握药物浓度，既要达到杀灭敌害生物的目的，又不至于伤害鱼类。

（5）不要盲目施用剧毒农药，特别是残留大的农药。

三、常用的药物清整池塘的方法有：

（1）生石灰清塘（图4-1）：生石灰水化后起强烈的碱性反应，放出大量的热，产生氢氧化钙（强碱），在短时间内使水的pH值迅速提高到11以上，同时释放出大量热能，具有强烈破坏细胞组织的作用，能杀死野鱼、水生昆虫和病原体等。并能使水澄清，还能增加水体钙肥，提高水体的pH值。施生石灰前应尽量将水排干，每亩放生石灰150千克。带水消毒的使用浓度为每立方米水体加生石灰400克，淤泥多的塘，适当增大浓度。将生石灰浆或粉均匀泼遍全池。清塘后10～15天，毒性消失，即可进行放养。失效时间为7～8天。在养殖期间，用于升高塘水pH值。使水提升1单位pH值的用量为10毫克/升。

图4-1　生石灰清塘

左：干塘消毒；右：带水消毒

（2）漂白粉清塘：漂白粉为白色颗粒状粉末，其吸收水分或二氧化碳时，产生大量的氯，因而杀菌效果比生石灰强。但露空时，氯易散失而失效，失效时间为4～5天。漂白粉是使用了多年的第1代消毒剂。消毒方法是每亩平均水深1米，用含氯量25%的漂白粉5千克，先将漂白粉放入水桶内加水溶解，然后均匀泼遍全池。没完后，用搅板反复推拉水体，使其充分混合，3天后可进水放养鱼种。

（3）茶饼清塘：是山茶科植物的果实，榨去油后剩下的渣滓，茶子饼在两广（广东省、广西壮族自治区）俗称茶麸，内含有皂角甙10%～15%，是一种溶血性毒素，能使鱼类红血球溶化而死亡，使用浓度每立方米水体15～20克。使用前先将茶饼捣碎成小块，放在木桶或水缸中加水浸泡，水温15℃时，浸泡2～3天，水温高时浸泡24小时即可。选择晴天的中午，同鱼塘连浆带渣加水冲稀向全池泼洒。茶饼的药效很强，除杀死野杂鱼外，还能杀死贝类、虫卵及昆虫。清塘后10～15天毒性消失。茶饼药力消失后，还有肥效作用，能促使藻类生长。若能与生石灰混合使用，效果更好。失效时间为2～3天。

（4）鱼藤精清塘：毒杀鱼类效果很好，其有效成分是鱼藤酮。市售鱼藤精含鱼藤酮量不同，常见的有2.5%和7.5%两种，用药浓度一般为2～3毫克/升。但鱼藤酮在高温、阳光和空气中极易失效。因此，使用前必须先进行效果试验，以此调整用药量，才能达到杀死鱼类的目的。它具有用药量少、效果佳、消失快等优点，施药7～8天后可进行放养。

（5）强氯精：强氯精的化学名称为三氯异氰尿酸，为白色粉末，含有效氯达60%～85%，其化学结构稳定，能长期存放，1～2年不变质。在水中分解为异氰尿酸、次氯酸，并释放出游离氯，能杀灭水中各种病原体，强氯精可称为第2代消毒剂。强氯精的出现，逐步代替了漂白粉的使用。通常用于放养前的水体消毒和养殖期间的水体消毒，前者使用浓度1～2毫克/升，后者为0.15～0.2毫克/升。失效时间为2天。

（6）敌百虫：敌百虫是一种有机磷酸酯。为白色结晶，易溶于水。其作用主要为抑制胆碱酯酶活性，使用浓度为2～2.5毫克/升，对鱼类杀伤力大。常用于放养前的清塘，以杀灭塘中敌害鱼类、白虾及蟹类。

（7）二氯异氰尿酸钠：二氯异氰尿酸钠为白色晶粉，含有效氯60%～64%，其化学结构稳定，比漂白粉有效期长4～5倍。一般室内存放半年后仅降低有效氯含量的40.16%。易溶于水。在水中逐步产生次氯酸。由于次氯酸有较强的氧化作用，极易作用于菌体蛋白而使细菌死亡，从而杀灭水体中的各种细菌、病毒。二氯异氰尿酸纳可称为第3代水体消毒剂。养殖中后期的水体消毒，应首选此药物。使用浓度为0.2毫克/升。失效时间为2天。

（8）二氧化氯制剂：市面上销售的二氧化氯有固体和液体的。固体二氧化氯为白色粉末，分A、B两药，即主药和催化剂。使用时分别将A、B药加水溶化，混合后稀释，即发生化学反应，放出大量的游离氯和氧气，达到杀菌消毒效果。水剂的稳定性二氧化氯使用效果更好。二氧化氯制剂可称为第4代水体消毒剂，其还可以用于鱼虾鲜活饵料的消毒。前者使用浓度为0.1～0.2毫克/升，后者为100～200毫克/升。失效时间为1～2天。

（9）碘片：是由海草灰或盐冈中提取，为灰黑色或兰黑色片状结晶。不溶于水，易溶于乙醇。其醇溶液溶解于水，能氧化病原体原浆蛋白的活性基因，对细菌、病毒有强大的杀灭作用。在水产养殖水体消毒中，一般使用碘的化合物或复合物，如碘化聚乙烯咯烷酮（PVP-1）、贝它碘、I碘灵等。我国已生产PVP-1，其消毒浓度为150毫克/升。碘与汞相遇产生有毒的碘化高汞，必须特别注意。

清塘后闸门进水要经过密网过滤，防止敌害鱼类入鱼塘。

第二节　基础饵料生物的培养

一、进水

清池之后，药效消失即可开闸进水。进水网的安装，外闸槽（总进水口）应装设1厘米左右网目的平板网，以阻止浮草、杂物进入网袖；内闸槽需安装40～60目筛绢锥形袖网，网长8～12米。滤水网应严密安设，用棕丝、橡胶或麻片塞严闸槽和闸底的缝隙。进水应缓慢，切勿因水流过急而冲破滤水网。每次进水前应首先检查滤水网是否破裂，并扎紧、扎牢网口，避免滑脱。

进水之后应将网袋内的鱼虾杂物倒出，扎好网口，挂在闸框上晾晒。以水泵提水直接入池的精养池，应在入池管口上安设筛绢袋或网箱，严防敌害生物入池。

二、繁殖基础饵料生物

在鱼苗入池前，要培养足够的基础饵料生物。因为基础饵料生物的适口性好，营养全面，是任何人工饲料所不能代替的。是提高鱼苗的成活率，增强鱼苗的体质和加速鱼苗生长的重要物质基础。同时饲料生物特别是浮游植物对净化水质，吸收水中氨氮、硫化氢等有害物质，减少鱼病，稳定水质将起到重要作用。是养殖生产程序中的一个不可缺少的生产环节。施基肥海水鱼塘通常比淡水鱼塘的水质要瘦些。因此，清塘毒性消失后，要施基肥，应争取早施，施足量。使其促使饵料生物的生长，鱼苗入塘后，便能摄食到较多的天然饵料。

目前繁殖饵料生物的方法，一般是在清池后首先进水50～60厘米，然后逐渐添加新水，并视水色情况适时适量施加肥料，使放苗时的水深和透明度都达到放苗要求。放苗后仍可根据情况继续施肥肥水。施肥的种类和方法：新建鱼池以施有机肥料，如禽、畜粪、绿肥和混合发酵堆肥等为好（图4-2），这些肥料有的可以直接摄食，或者通过肥效的作用繁殖饵料生物，而且有机肥营养全面，耐久性强。施肥量为每公顷1 500千克左右，分2～3次投入，基肥的种类可根据各地具体情况而定，一般以猪、人、鸡鸭粪便为佳。然后，视池水肥瘦和肥料种类再加以调节水质。如果是旧塘，底泥有机物较多，可施肥或不施基肥。化肥的种类多用硝酸铵、硫酸铵、碳酸氢铵、磷酸二铵、尿素、复合磷肥等。施肥量应根据池水的肥度、生物组成而定，一般每次施氮肥2毫克/千克（以含氮量计），磷肥0.2毫克/千克（以含磷量计），前期每2～3天施肥一次，后期每7～10天施肥一次。当池水透明度达30厘米以下时，应停止施肥。若肥水后水又变清，或出现异常水色，可能是由于原生动物、甲藻等大量繁殖所致，可排掉池水，重新纳水引种肥池，也可以从浮游生物种类和生长状态良好的蓄水池或临近鱼池内引种。

此外，在鱼苗放苗前和养殖初期，还可从海滩、盐场贮水池中采捕蝲蛄蚕、钩虾、沙蚕、拟沼螺等饵料生物移植入池，使其在鱼池内繁殖生长，为鱼苗提供优质饵料。从防病的观念出发，要十分注意采捕环境，避免移入携带病毒的生物饵料。

施基肥应在鱼苗入池前10～15天，使池水肥沃后能繁殖较多的饵料生物，为下塘的鱼苗准备丰富的饵料，这样鱼苗入池后便能迅速生长。鱼苗下塘时透明度最好是30厘米左右。

图4-2　有机肥发酵

三、水质培肥

为了增加池水中的营养物质，使浮游生物处于良好的生长、繁殖状态，促进光合作用并给鱼苗提供充足的天然饲料，施肥是水质管理的一项重要工作。鱼塘一般在清塘后施放基肥。在放养鱼苗后仍要不断施肥（称为施追肥）。其掌握的原则为"及时追肥，少量勤施"，使池塘的肥度适中、稳定，水色经常保持浅褐带绿或浅绿色，这样水中能保持合适数量的浮游生物。如果水色变清，可能是鱼类吃掉浮游生物或青肥量不足。正常的情况下，化肥每4～5天加追一次肥料。有机肥每周施一次。到中后期，由于投饵和鱼类排泄物等缘故，水质较肥可以适当少施或不施肥，防止池水过肥。

鱼苗水质要求较严格。如何掌握施肥的时间及用量适度，一般经验是根据水色及透明度来决定，其原则是及时追肥，少量勤施，以使肥度稳定。平常定性确定水质的好坏可用"一触，二尝，三闻，四观"法。即用手指捻水，滑腻感强的不是好水；口尝时苦涩不堪的不是好水，应是咸而无味的才是好水；鼻闻有腥臭味的不是好水；眼观水中的浮游种类组成缺乏，水色异常（发红，变暗），泡沫量大，且带杂色的不是好水。正常的海水泡沫为白色，泡沫量越大，表示海水的富营养化越严重。

理想的水色是由绿藻或硅藻所形成的黄绿色或黄褐色。这些绿藻或硅藻是池塘微生态环境中一种良性生物种群，对水质起到净化作用。目前最常用的培养水色的方法是在池水中按一定的比例施放氮肥和磷肥，一般施放氮磷肥的比例为20∶1。

第三节　鱼苗放养及中间培育

一、鱼苗的长途运输

要搞好黄鳍鲷苗的长途运输，提高成活率，必须做好如下几点工作：

1. 运输前鱼苗的处理

由海区捕来的鱼苗，要经过筛选，除去瘦弱和受伤的鱼苗，因为受伤的鱼苗容易感染细菌引起皮肤发炎红肿，或发生水霉病，患病后会很快蔓延，造成大量死亡。起运以前，要吊养2～3天，使鱼苗受到锻炼和排泄掉粪便，减少运输中水质的污染（图4-3）。

图4-3 黄鳍鲷鱼苗的吊养与装运

2. 掌握好运输用水

装运鱼苗的用水应与吊养池水的盐度相接近，运输途中加水也要保持盐度相对稳定。一般以1.015为宜。途中发现死鱼，应及时捞掉，以免败坏水质。

3. 运输方法

（1）敞开式运输。帆布桶口开阔，便于换水。帆布桶有方形和圆形两种。四周有木架或铁架支撑，体积1立方米左右。用后可以折叠，携带方便，经久耐用。使用时装水至桶高的3/5～3/4。运输使用新鲜砂滤海水，运输途中使用充氧装置或充气泵，以充纯氧效果为佳，每立方米水要有2个以上散气石。夏季气温较高时要适当降温，运输时间超过4小时，中途要更换新鲜海水，更换的海水理化条件要与原运输海水相接近。

（2）密封包装运输。包装使用双层聚乙烯袋充气，常用的包装袋一般长70～80厘米，宽35～40厘米，容积约20升。有些地方设计将袋口突出约15厘米，宽10厘米。使用时将海水注入约占袋子的1/3。过多则不仅增加了运输重量，而且减少了充氧空间。加水后装进一定数量的鱼苗，把袋中的空气挤出，同时把与氧气瓶相连的橡皮管或塑料管从袋口通入，扎紧袋口，即可开启氧气瓶的阀门，徐徐通入氧气，然后抽出通气管，将袋口折转并用橡皮筋扎紧，平放于纸箱或泡沫塑料箱中，使包装袋的水和氧气有较大的接触面，平时也不易破裂（图4-4）。

（3）装运密度。采用大桶装运，每个大桶装水350千克，可装全长15毫米的幼苗50 000～60 000尾，或25毫米的幼苗30 000～40 000尾。塑料鱼苗袋（70厘米×40厘米）可装全长1.5厘米以下的鱼苗5 000～6 000尾，1.5～2.5厘米1 200～1 500尾。

图4-4　鱼苗装运

左：大桶敞开式装运；右：密封充氧包装

（4）鱼苗运抵后，在下池之前，要测好水温、比重，水温和比重不能与运输用水相差幅度太大，否则应另找地方卸苗，或者用加水或加冰使其接近。鱼苗卸下后先稍为清洗，在池中吊养休息1～2小时后，进行彻底的清理掉死鱼和污物，然后计数移往放养池。

二、鱼苗的短途运输

短途运输，通常运输时间在4小时以内，可用塑料桶（袋）、鱼桶等器物装水充气（或充氧）运输，或直接用活水车（船）装运（图4-5）。

图4-5　鱼苗短途装运

三、鱼苗放养前的准备

（1）拉网除野。在鱼苗下塘之前要用较密的网拉网1～2次，以清除塘中的野杂鱼、蛙卵、水生昆虫等敌害生物。

（2）检查水质及水温。在黄鳍鲷苗放养之前，首先要检查清塘药物的毒性是否已经消失。具体方法为取一盆池塘底层水，放入20～30尾鱼苗，放养1天，若鱼苗活动正常，则说明清塘药物的药性已经消失，即可放苗。若是用生石灰清塘，可测酸碱度，pH值低于9时，表明药物毒性已经消失。同时要注意，鱼苗池的水温与放养鱼种池的水温差，不能超过2℃（图4-6）。

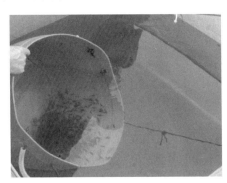

图4-6　鱼苗放养

四、适时放苗

鱼苗下塘要掌握好时期。这是非常关键的技术环节。鱼苗下塘时，应选择温暖晴天，避免雷雨天气，要分别测量苗袋及池塘的水温，若两者温差在2℃以上，不能直接放苗，以免造成鱼苗死亡，应逐渐调节苗袋内的水温，使它与池塘中的温差在2℃以下，才能将鱼苗放入池塘。具体操作方法是：将装有鱼苗的氧气袋直接放入池塘中10～30分钟（两者温差越大，放置时间越长），然后打开氧气袋，加入少量池塘水，每间隔2分钟左右加水一次，直至袋内水温与池塘中的温差小于2℃，方可将黄鳍鲷鱼苗放入池塘。放苗时应细心操作，动作不宜过猛。鱼苗刚下塘时，对环境变化非常敏感，故应加强营养，增强体质。鱼苗过数后，放入预先安装在培育池中网目为60～80目的网箱中，约经10分钟后，就可将鱼苗轻轻放入池中。10天后，黄鳍鲷鱼苗体壮活泼，群集逆流，再把池水加深到1米左右，并放入其他鱼种。这种做法保证幼小的黄鳍鲷鱼不受其他鱼种争食，使黄鳍鲷鱼苗有充足饵料，有利其生长，从而提高黄鳍鲷鱼苗的成活率。

五、放养密度

放养密度应根据培育方法、池塘条件、水质环境、人工饲料、培育管理水平等灵活掌握。专门养黄鳍鲷的池塘，一般每亩放养1.5～2.5厘米鱼苗约10 000尾。放养前要过筛。保持鱼苗规格整齐，以避免相互残杀。

六、中间培育

中间培育，也称中间暂养，我国南方称为标粗，也就是培养大规模苗种。这是从育苗到养成之间的一种过渡性生产措施。

1. 中间培育的意义

（1）中间培育水体小，放苗集中，便于控制水环境和投饵管理，提高了鱼苗初期养殖成活率。

（2）便于对所养鱼苗质量进行有效的监控和评判，选优汰劣，及早发现问题，避免造成以后的被动局面。

（3）就养成阶段而言，缩短了养殖周期，放苗时间和相应的进水时间可灵活掌握，使进水期尽量避开敌害鱼卵、病毒携带生物、赤潮等的多发期。

（4）有利于养成池内基础饵料的生长繁殖。由于采取中间培育，推迟了养成池内的放养时间，为养成池的彻底清池和繁殖饵料生物赢得了时间。

（5）可以更加准确地掌握养成池的鱼苗数量。由于中间培育后计数的准确度高，加之规格大，抗逆性强、存活率相对稳定，为养成期的管理提供了较准确的参数。

然而，中间培育增加了生产管理环节，相应增加了劳动投入和生产成本。中间培育出的鱼苗出池搬运中，若不严格操作，造成大规模鱼苗机械损伤，也会给鱼病的传播打开方便之门，所以要严格认真对待，并结合各地情况，合理确定中间培育的时间和规格。

2. 中间培育设施

中间培育池一般为土池，面积可依据鱼苗需要量合理确定，从2～5亩不等，池深1.2米左右，池底平整，坡度较大，向出苗闸门或涵洞方向倾斜，以便能排干全部池水。

3. 中间培育管理

鱼苗下塘前10～15天，施肥培育池塘中的浮游动物，鱼苗下塘后，每天上下午各投一次，投时以干粉为好，随后施肥量可逐步增加，为了保证黄鳍鲷幼鱼生长迅速，应加强水质管理，适时进行换水和充气。经15～20天养成规格2.5～4厘米，分疏转入小土池，放养量改为30～40尾/米^2，经60～90天养成5～8厘米，这时可转入成鱼塘的养殖。

第四节　投饵技术

水、种、饵是养殖渔业生产的基础条件，科学喂料不仅有利于黄鳍鲷的健康生长，而且可节约饲料，提高养鱼效益。为了获得较好的饲养效果，降低养鱼成本，投喂时应注意如下一些问题：

一、坚持"四定"原则

（1）定质投喂的饲料要求新鲜、适口、营养全面、稳定性好。定质可以保证饲料的适口性和营养丰富，可提高养殖鱼类对饲料的摄食率和利用率，减少鱼病的发生。

（2）定量。每天投喂饲料要有一定的数量，做到均匀投饲，不能忽多忽少，以免鱼类时饥时饱，影响鱼类消化与生长。定量有利于防止饲料浪费，水质恶化，降低饲料系数，减少鱼类疾病的发生，促进鱼产量的提高。

（3）定时。养殖鱼类的投喂要有一定的投饲频率和时间。定时可以养成鱼类的吃食习惯，同时在水温适宜、溶氧较高时，可提高养殖鱼类的摄食量，增加饲料的利用率。

（4）定位。鱼类对特定的刺激容易形成条件反射。因此固定投饲地点或使用自动投饵机喂鱼，可防止饲料散失，有利于提高饲料利用率和了解养殖鱼类吃食情况，并便于食场消毒、清除残饲，保证养殖鱼类的吃食卫生（图4-7）。

图4-7　自动投饵机定点投饵

二、驯化投喂

首先，驯化投喂即利用条件反射原理，以人工方式定时定点投喂，并伴以固定的声音信号刺激，使养殖对象听到该声音即到固定的区域集中摄食。

然后，在驯化成功后，养殖对象就会形成在固定的时间主动到固定区域上浮采食的习惯。养殖对象集群上浮摄食有利于减少饲料浪费，提高摄食效果。

三、掌握科学的投喂技巧

投喂方法得当是获得好效益的重要因素。

1. 限量投喂

在喂鱼时，如果发现有70%～80%的鱼离开食场，就应当停止投喂，也就是以给鱼喂7～8成饱为宜。在生产中，要定期抽样检查鱼的生长情况，适时调整投喂量。投喂量掌握在鱼体质量的2%～5%，根据水温、天气、鱼类活动等情况做出调整。如果喂得过饱，许多食物没有经过消化吸收就排出体外，造成浪费，又污染水质。而过饱的鱼类，则易造成"虚胖"现象，易发生疾病，降低饲料利用率。

2. 均匀投喂

无论是采用手撒法还是投饵机投喂法，都要做到均匀投喂。饲料要撒得开，保证每尾鱼都有充分摄食的机会。投饲频率要适中，不能过快，过快时鱼来不及吃完，饲料就沉入池底，易造成浪费。也不能太慢，太慢时每次投喂时间过长，鱼抢食消耗体能太多，影响摄食。正常情况下，每次投喂持续时间控制在30～60分钟为宜。

3. 投喂新鲜饲料

发霉、结块或有异臭的饲料不投喂，以免发生鱼体中毒或诱发疾病。每批饲料均应掌握在保质期内用完。

4. 认真观察，做好记录

通过观察鱼类的摄食情况，能够及时了解饲料的适口性、鱼的摄食强度和鱼病发生情况，便于调整投喂量和诊治鱼病。

第五节　水质调控技术

黄鳍鲷养殖的成败，关键取决于水质。无论是海水、咸淡水还是淡水，都有很多因素直接或间接地影响着黄鳍鲷的健康与存活。要做好水质调控，首先要了解池塘的主要水质参数。

一、水温

水温是影响黄鳍鲷生长最重要的因素之一。温度不仅直接影响黄鳍鲷的生理活动，而且也影响到水体其他物理条件的变化。当水体温度低时，水中的溶氧量相对较高。水体温度高时，水中的溶氧量相对较低，鱼的耗氧增高，呼吸加快，同时由于水温的升高，池塘中其他耗氧因子的作用加强，会直接影响到水体的溶氧度，有时会产生池塘缺氧的情况。

黄鳍鲷为浅海暖水性底层鱼类，生存适应温度为9.5～29℃，致死临界温度为8.8℃和32℃，生长最适温度为17～27℃，成鱼可抵抗8℃的低温，水温高达35℃也能生存。

黄鳍鲷受精卵孵化的适宜水温为18～22.8℃，受精率可达82.5%，孵化率可达69.8%，水温高达26.6～27.9℃，对受精、孵化率无大影响，但其孵化的仔鱼孵化后1～2天即全部死亡。水温24.2～24.6℃，仔鱼孵化后1～2天也死亡50%左右。

在养殖过程中，应做好水温的调控。要注意天气预报和天气变化，并于每天使用水温计测量水温至少两次。一般是在上午6:00—7:00时和下午16:00—17:00时各测量一次。如发现异常应及时采取措施。

1. 低温调节

对一般养殖池塘水温的控制要求达到预计的规定温度范围，提温方法主要有：①春季水温较低时，为了使池水尽快升温，不加入过深的水，前提是池塘放养的生物负载量较少。例如预计成鱼养殖期要加入1.6米水深，初放入鱼时先加水到0.8～1米深，以使太阳光充分加温水体使水温升高。以后逐渐再增加池水深度。②池塘边尽量减少遮阳植物。③进水时经过长时间曝气或流程，提高水温后再进入池塘。④利用热水进入池塘直接提高水温。

2. 高温调节

提高鱼池水位至1.5米以上，有条件的地方可提高到1.8米以上，减少鱼池的积热。增加进排水量，并使池水流动，以扩散热气。每天应换水1/3以上。在水温高峰时，应充分利用进水闸灌入新鲜海水。由于潮汐原因无法自然进水的池塘，可用离心泵或潜水泵提水，并将鱼池排水闸的闸板提起5～10厘米高，使之一边进水，一边小量排出底层水。这样既可以使鱼池底层保持较清洁的水环境，又可以通过池水的流动达到散热的目的。同时，要注意准确掌握投饵量，在高温期，鱼食欲降低，要防止投喂过多，池底积累残饵，使水质受污染。

二、溶解氧

鱼类必须在有氧的条件下生存，缺氧可使其浮头并致死。因此溶氧是鱼类的生命元素之一。

黄鳍鲷呼吸旺盛，且对缺氧耐力差。因此，对海水中溶氧含量要求较高，在18℃时的临界氧阈为2.3毫克/升。

1. 黄鳍鲷养殖水体的溶氧要求

一般来说，黄鳍鲷养殖水体中的溶氧量应保持在5～8毫克/升，至少应保持4毫克/升以上。若溶氧低，轻则使鱼类生长变慢，易发疾病，重则浮头死亡；而溶氧过高又会引起鱼气泡病。

2. 导致水中溶氧不足的原因

（1）温度：氧气在水中的溶解度随温度升高而降低。此外黄鳍鲷和其他生物在高温时耗氧多也是一个重要原因。

（2）放养密度：养殖池中黄鳍鲷放养密度越大，生物的呼吸作用越大，生物耗氧量也增大，池塘中就容易缺氧。

（3）有机物的分解耗氧，池中有机物越多，细菌就越活跃，这种过程通常要消耗大量的氧才能进行，因此容易造成池中缺氧。

（4）无机物的氧化作用：水中存在低氧态无机物时，会发生氧化作用消耗大量溶解氧。从而使池中溶氧量下降。

3. 黄鳍鲷缺氧时的反应

池水轻度缺氧时，黄鳍鲷出现烦燥不安，浮头，呼吸加快少摄食或停止摄食；重度缺氧时，会导致死鱼，造成损失。如池塘中水长期处于溶氧不足状态下，黄鳍鲷生长会停止。

4. 溶氧与其他有毒物质的关系

保持水中足够的溶解氧，可抑制生成有毒物质的化学反应，转化降低有毒物质（如氨、亚硝酸盐和硫化物）的含量，例如：水中有机物分解后产生氨和硫化氢；在有充足氧存在的条件下，经微生物的氨氧分解作用，氨会转化成亚硝酸再转化成硝酸，硫化氢则被转化成硫酸盐，产生无毒的最终产物。因此养殖水体中保持足够的溶氧对水产养殖非常重要。如果缺氧，这些有毒物质极易迅速达到危害的程度。

5. 增氧的方法

（1）注入新水

定期注水是调节水质和增氧最常用的也是最经济适用的方法之一。一般每7～10天加注新水一次，每次加水15～20厘米。夏天高温季节，水质变化更快，宜采用换水措施，有条件的地方每次可换水1/3～1/2。

（2）机械增氧

增氧机的作用不是仅为了防止缺氧浮头，而更重要的是促进池内的物质循环、改善池塘的水质和底质条件，为养殖生物创造一个良好的生态环境，防止疾病，促进生长，提高产量。为此，不能机械地每天定时开机，而是应根据天气、水质、底质及水化条件，有的放矢地开机。目前采用的增氧机有充气式、水车式、叶轮式、钢梳式、喷水式、射流式等。

充气式是在排出的气泡上升过程中，一部分溶入水中，适合较深的池塘使用。喷水式使喷出的水呈降雨状落下，与空气接触达到增氧目的，只适于水浅的池塘。

水车式利用电机带动水车叶轮击水，结构简单，维修方便。适用于较浅水（水深1.5米以内）的池塘，因水流具有方向，易将废物集中于池中央以利排污，且不会将池底污物泛起的特点，故适于正方形（或圆形）精养池（图4-8）。

图4-8　水车式增氧机

叶轮式增氧效果好，动力效率高，适于较深的池子，工作时靠叶轮旋转，搅动水体，促使水层上下对流，使整个水体的溶解氧趋向均衡，但水流不定向，对中央排污的池子不适宜，且在浅水池中使用易搅起池底（图4-9）。

图4-9　叶轮式增氧机

射流式由潜水泵和射流管组成，工作时，水泵里的水从射流管内喷嘴高速射出，产生负压而吸入空气，水和气在混合室内混合后，以45°角将空气直接充入水中，且因其在水面下没有转动的机械，不会伤害鱼体，很适用于放养密度大的深水（水深大于1.5米）池塘（图4-10）。

图4-10　射流式增氧机

在晴天时，由于热阻力的作用，池水不能上下对流，形成溶解氧和温度的分层，表层丰富的溶解氧不能扩散到底层。此时如开动增氧机，可促进池水的上下交流，利用表层的氧盈去抵还底层的氧债，改善池底条件，所以，在光合作用较强的中午前后开机是非常必要的。傍晚开机，使上下水层提前对流是无益的，它会增加耗氧水层和耗氧量。所以，一般应在午夜以后或黎明前开机增氧。阴雨天，由于浮游植物光合作用减弱，造氧减少，加之气压低，减少了空气中氧向水中的溶解，池塘很易缺氧，此时，应及早增氧，以增加增氧机的充氧作用。当然，在鱼浮头时更应及时开机。在池塘施肥后，特别是施有机肥及大量投喂活饵料时，都应增加增氧时间。

综上所述，开增氧机的原则是：晴天中午开，阴天清晨开，连绵阴雨半夜开。傍晚不开，浮头早开，无风多开，有风少开，高温多开，低温少开或不开。

（3）使用增氧剂

在换水和机械增氧条件不具备或紧急情况下可泼洒增氧剂增氧，增氧剂有液体增氧剂和固体增氧剂，常用的有过氧化钡和过氧化钙等。其作用是以提高给氧物质的含量，增加给氧效率；使用氧原子含量高的增氧剂，提高氧化能力，降解氨、亚硝酸等还原性物质；使用表面活性剂，可降低水体的表面张力，增加氧气溶解速度。由于各厂家生产的增氧剂所含成分不同，使用时应遵照其产品说明应用。

三、盐度

黄鳍鲷为广盐性鱼类，能适应盐度剧变，比重在1.003～1.035的水中都能正常生活。可由海水直接投入淡水，在适应一星期左右，又可重返海水，仍然生活正常。而在咸淡水中生长最好。当从极低盐度（比重1.003）水中投入高盐度海水（比重1.018以上）中时，可以看到由于渗透压急剧变化的关系，少数个体不能马上适应而失去平衡，呈死鱼的状态浮于水面不动，数十分钟后便能恢复常态，活跃游翔。从养殖成鱼的角度来说，养殖池水以半淡咸水更适宜，鱼的生长快，产量高，且肉质的味道特别鲜美。

黄鳍鲷的受精卵在盐度20～33的条件下，受精卵通常浮于水的表层、胚胎正常发育；当盐度低于20时，受精卵则分散于表、中、下水层，较易因缺氧而死亡，故应适当充气。

根据作者研究观察结果，黄鳍鲷幼鱼消化道蛋白酶、脂肪酶的比活在盐度为25时最高，而淀粉酶的比活在盐度为20时最高。各种消化酶在盐度20～30时消化酶比活的平均值要明显高于5～15时消化酶的平均值。

尽管黄鳍鲷对盐度的适应能力很强，但在种苗繁殖和养殖生产中，水体盐度骤变，也会对黄鳍鲷造成不适。在雨季，大量的降水使得淡水浮于表层，常会造成池水分层现象，造成底层严重缺氧。因此在生产中应根据不同生产阶段黄鳍鲷对盐度的要求采取适当的调控措施。

（1）暴雨前灌满池水。要注意查询天气预报信息，在暴雨来临之前，先将池水灌满，防止暴雨骤降时，由于池水过浅，大量雨水把池水冲淡，导致池水盐度骤降。

（2）发挥进排水闸的调节作用。大量的雨水会使鱼池和进水渠道甚至海区的上中层水变淡。当上中层水过淡，不利于亲鱼性腺发育需要时，可以利用进水闸开启底部闸板灌进盐度较高的底层水，而让进水闸板截住上中层淡水，不让其进入鱼池。排水闸则只开启上部闸板，让上中层水的淡水排出，而让下部闸板截住底部的高盐度水，不让其流出。

（3）发挥水车或其他搅水工具的作用。当发现池水出现盐度跃层时，可开动水车或其他工具搅动池水，使上下层水对流，从而消除盐度跃层。

四、pH值

大洋海水的pH值相当稳定，大都在8.15～8.25。但养殖池水的pH值变化较大，多在7.5～9.0，在特殊情况下，可低于2或高于11。池塘中pH值对水质、水生生物和鱼类有重要影响。当pH值上下波动改变时，会影响水中胶体的带电状态，导致胶体对水中一些离子的吸附或释放，从而影响池水有效养分的含量和施无机肥的效果。如pH值低，磷肥易于永久性失效；过高，则暂时性失效。当pH值越高，氨的比例越大，毒性越强；pH值越低，硫化物大多变成硫化氢而极具毒性，pH值过低，细菌和大多数藻类及浮游动物受到影响，硝化过程被抑制，光合作用减弱，水体物质循环强度下降；pH值过高或过低都会使鱼类新陈代谢降低，血液对氧的亲和力下降（酸性），摄食量少，消化率低，生长受到抑制。鱼卵孵化时，pH值过高（10左右），卵膜和胚体可自动解体；过低（6.5左右）则胚胎大多为畸形胎。

李希国等（2005）研究了pH值对黄鳍鲷肝、胃、肠三个部位蛋白酶、脂肪酶和淀粉酶比活的影响。结果显示，黄鳍鲷肝脏、胃和肠道蛋白酶最适pH值分别为：7.0、2.8和7.4，脂肪酶最适pH值分别为：7.2、7.6和7.6，淀粉酶最适pH值分别为4.8、5.2和6.8。胃蛋白酶的最适pH值在酸性范围，肝和肠的最适pH值都在中性偏碱性范围。淀粉酶的最适pH值都在酸性范围，脂肪酶的最适pH值都在碱性范围。

自然水体对pH值有缓冲作用，一般比较稳定。在池塘精养和特殊条件下，pH值有不同程度波动或大的改变。如池塘淤泥深厚，水体缺氧，pH值常常偏低或过低；夏季天气晴朗，光照强，水质肥沃，浮游植物量大，光合作用强，在短时内，pH值升得很高；或水体受到不同性质、不同程度污染，pH值过高或过低等。

一般要求pH值在7.5～8.5，呈微碱性，且日波动小于0.5。这样对鱼类和其他水生生物有利，对水环境有利。当pH值偏高（大于9）或偏低（小于7）均会使鱼类产生不适，生理机能发生障碍，生长受抑制。

调节pH值的方法，通常是清除过多淤泥，结合用生石灰清塘，当池水显酸性（当pH值<7时）泼洒10%生石灰水（每亩水面，水深1米、1.5米、2米分别用生石灰20千克，25千克和30千克）；也可少量多次用氢氧化钠调节，先调配成1/100原液，再用1 000倍水冲稀泼洒。经常对池水增氧，特别是高温季节更要经常搅动上下水层；改良池塘环境，采用有机肥与无机肥相结合的方法对池塘施肥；避免使用不同程度污染的水源、水质等。

处理pH值偏高的方法：①添注新水，同时适量换水；②全池施放明矾，浓度为2～3千克/亩；③使用降碱灵、沸石粉或EM液，均可降低pH值；④用络合铜控制水色过浓、浮游植物过量繁殖，降低pH值。pH值低的处理办法：①适量换水；②经常施放生石灰，一般每次用量为20～25毫克/升（施放20毫克/升生石灰可提高pH值0.5左右），混水后泼洒；③使用藻类生长素迅速增殖浮游植物，提高池水pH值。

五、水色和透明度

养鱼先养水，培养优良的水质给鱼类提供一个良好的生长环境，有利于养殖生产的顺利进行。养鱼池中的水总是呈现一定的颜色。养鱼水体的水色主要是由浮游生物所造成的。透明度表示光线透入水中的程度。用直径30厘米的黑白间色圆盘，系上绳子放入水中。到看不清时的深度即为透明度。养殖池塘的透明度主要取决于水体中的浮游生物数量的多少。有经验的人可以根据水色推知池水的浓淡和浮游生物的大致组成，并判断出水质的好坏，据以采取相应的水质调节措施。因此，看水色是养殖的基本功。

1. 水质判断

（1）看水色。肥水水色大致可分为两大类，一类以红褐色（包括黄褐、茶褐色等）为主，一类以油绿色为主（包括黄绿、油绿、蓝绿、墨绿等）。

（2）看水色是否有变化。池塘浮游生物发生日变化和月变化，种类不断更新，池塘物质循环快，这种水称为"活水"。

（3）看是否有水华。由于某种浮游生物在水中大量繁殖形成云彩状的颜色——水华。

（4）看下风油膜。一般肥水池塘下风油膜多、性黏，发泡并有日变化。即下午比上午多，上午呈黄褐色或烟灰色，下午往往带绿色，俗称"朝红晚绿"。

2. 池塘常见的优良水色

（1）茶色。这种水色反映水体中的单胞藻类主要为硅藻，如角毛藻、新月棱形藻等，这些都是幼鱼的优质饵料生物，生活在这种水体中的鱼生长快，但由于硅藻对环境、气候、营养变化变化比较敏感，因此，这种水色容易发生变化。

（2）鲜绿色。这种水色反映水体中的单细胞藻类主要为绿藻，如小球藻、扁藻等。绿藻生长稳定，可以吸收水体中大量的氮、磷元素，净化水质效果明显。

（3）黄绿色。这种水色反映水体中的单细胞藻类为绿藻和硅藻共同占主导优势，多样性比较丰富，兼备了绿藻和硅藻的优点，是养鱼的上好水色。

（4）浓绿色。这种水色常见于养殖中后期，特征与鲜绿色水色接近，由于养殖中后期水体营养丰富，因此藻类生长旺盛，透明度降低。

3. 养殖过程中常见的不良水色和透明度

（1）乳白色。这种水色是由于池中藻类突然死亡，细菌大量繁殖造成的。其分解物是有毒的，透明度越低对鱼类危害性就越大。

（2）清色水。在这种水色的池塘，浮游生物已经死亡，池水清澈见底，无藻类生长，pH值偏低。这种水色不利于养殖，并容易使鱼患病，甚至死亡。

（3）黑褐色和酱油色。这类水色主要是由于投喂过量，残饵太多，其溶出物使褐藻、裸甲藻等大量繁殖所致。在这类水色中，鱼常发生疾病，重者可致死。这种水的透明度越低，危害性就越大。

（4）混浊色。在这种水色中，泥浆和有机碎屑较多，不利于鱼的生长。

4. 改善水色和透明度的措施

（1）换水。对于水色不良的养殖池，可将池水全部换掉，灌进新鲜海水。对于透明度过低的虾池，也可以通过换水使透明度提高。

（2）施肥。对于水色适宜而透明度过高的虾池，可通过施肥加以调节。

（3）施用药物。对于出现有害水色，换水条件又较差的鱼池，每立方米水体使用0.4～0.5克硫酸铜进行毒杀。对于透明度过低的鱼池，也可以酌量使用。

而对于曾经发生鱼类死亡的池塘，每立方米水体施用4~5克漂白粉进行消毒。

（4）合理投饵。必须合理计算投饵量，防止残饵过多而影响水质。水色过浓的池塘，大部分是投饵量过多，应适当减少投饵量。

六、氨氮、亚硝酸盐和硫化氢

1. 氨氮

（1）氨氮来源。鱼类养殖中氨氮的主要来源是沉入池塘底部的残饵、鱼排泄物、肥料和动植物死亡的遗骸。鱼类的含氮排泄物中约80%~90%为氨氮，其多少主要取决于饲料中蛋白质的含量和投饲量。根据饲料转化率等有关参数，可以推算氨氮产量是：如输入饲料氮中5%为鱼体所保留，75%被排到水体中，其中溶解性氨氮约占62%，固体颗粒氮占13%。当投入1千克32%蛋白质饲料时，氨氮量为1 000克×0.32/6.25×0.62＝31.7克氮。也就是投喂1千克饲料就有31.7克氮作为氨氮被释放到池水中。

（2）氨氮对鱼类的毒害作用。水体中的氨氮通过硝化作用转化为NO_3-N，或以N_2形式逸散到大气中，部分被水生植物消耗和底泥吸附，只有当池水中所含总氮大于消散量时，多于总氮就会积累在池水中，达到一定程度才会使鱼中毒。养鱼池水体氨氮一般不要超过0.2毫克/升。当氨氮含量超过此值后，鱼的正常生理功能变紊乱，食欲不振，生长缓慢，机体的抗病力下降，对环境的适应能力差、严重时甚至中毒死亡。

（3）影响氨氮毒性的因素。①氨氮毒性强弱不仅与总氨量有关，且与它存在的形式也有一定关系，离子氨氮（NH_4-N）不易进入鱼体，毒性也较小，而非离子态的NH_4-N毒性强，当它通过鳃、皮肤进入鱼体时，不但增加鱼体排除氨氮的负担，且当氨氮在血液中的浓度较高时，鱼血液中的pH值相应升高，从而影响鱼体内多种酶的活性。导致鱼体出现不正常反应，表现为行动迟缓、呼吸减弱、丧失平衡能力、侧卧、食欲减退，甚至由于改变了内脏器官的皮肤通透性，渗透调节失调，引起充血，呈现与出血性败血症相似的症状，并影响生长。②氨氮毒性与池水的pH值及水温有关，一般情况下，水温和pH值越高，毒性越强。这也是鱼类为什么在夏季、当池水中pH值超过9时，易发生氨中毒的原因。

控制池水中氨氮含量的处理办法：①适当换水，抽出底层水20~30厘米，并注入新水，降低氨氮含量。②增氧用增氧机。根据不同天气状况在不同时间开增氧机1～2小时，以池水上下交流，将上层溶氧充足的水输入底层，并可逸散氨氮与有毒气体到大气中。③使用氧化剂。用次氯酸钠全池泼洒，使池水为0.3～0.5毫克/升；或用5%二氧化氯全池泼洒，使池水浓度为5～10毫克/升。④泼洒沸石粉或活性炭吸附氨氮。一般每亩分别用沸石粉15～20千克和活性碳2～3千克。⑤使用微生物制剂。用光合细菌全池泼洒，使池水浓度为1毫克/升，每隔20天左右泼洒一次效果较好。⑥保持池中一定水色，浮游植物能吸收部分氨氮等有害物质。

2. 亚硝基态氮（NO_2-N）

（1）来源。它是水环境中有机物分解的中间产物，故NO_2-N极不稳定，它可以在微生物作用下，当氧气充足时可转化为对鱼毒性较低的硝酸盐，但也可以在缺氧时转为毒性强的氨氮。温度对水体中硝化作用有较大影响，因不同的硝化细菌对温度要求不同，硝化细菌在温度较低时，硝化作用减弱，在冬季几乎停止，氨氮很难转化为NO_2-N，因而氨氮浓度较大。当温度升高，硝化细菌活跃，硝化作用加剧，可将氨氮转化为NO_2-N。

（2）对鱼类的毒害作用。这主要是由于NO_2-N能与鱼体血红素结合成高铁血红素，由于血红素的亚铁被氧化成高铁，失去与氧结合的能力，致使血液呈红褐色，随着鱼体血液中高铁血红素的含量增加，血液颜色可以从红褐色转化呈巧克力色。由于高铁血红蛋白不能运载氧气，可造成鱼类缺氧死亡。

（3）控制池水中亚硝酸态氮的的办法：鱼池中亚硝酸盐含量要控制在0.01毫克/升以下。处理亚硝酸盐过高的办法：①适量换水；②开动增氧机或全池泼洒化学增氧剂，增加水体溶氧量；③全池泼洒沸石粉，每亩用15～20千克；④施放光合细菌、硝化细菌、芽孢杆菌等微生物制剂；⑤使用亚硝酸盐降解灵。

3. 硫化氢

（1）来源：①在缺氧条件下，含硫的有机物经厌气细菌分解而产生；②在富含硫酸盐的池水中，经硫酸盐还原细菌的作用，使硫酸盐转化成硫化物，在缺氧条件下进一步生成硫化氢。硫化物和硫化氢均具毒性。硫化氢有臭鸡蛋味，具刺激、麻醉作用。硫化氢在有氧条件下很不稳定，可通过化学或微生物作用转化为硫酸盐。在底层水中有一定量的活性铁，可被转化为无毒的硫或硫化铁。

（2）硫化氢对鱼类的毒害作用：水体中的硫化氢通过鱼鳃表面和黏膜可很快被吸收，与组织中的钠离子结合形成具有强烈刺激作用的硫化钠，并还可与呼吸链末端的细胞色素氧化酶中的铁相结合，使血红素量减少，因而影响幼鱼的生存和生长，高浓度会使鱼类死亡。

（3）控制硫化氢的办法：正常情况下，鱼池中硫化氢含量应低于0.1毫克/升，如果含量偏高，应采取如下措施：①增加换水量，尽量排去底层污水污物；②合理投饵，减少残饵；③强力增氧，特别是增加底层水的溶解氧，以利有机物氧化分解；④使用沸石粉等水质改良剂；⑤施放EM液、光合细菌等有益微生物制剂，促进有机物分解。

七、水产养殖中水质测试盒的使用方法

通常的水质检测，需要专业技术人员用仪器在实验室中完成，成本高，周期长，并且不能及时就地观测水质变化，给广大养殖者带来诸多不便。目前我国各地已研制出水质测试盒，能够快速、准确地在池塘边就地检测水质的一些关键指标，及时掌握水质变化的第一手资料，保证鱼类平安度过养殖期；具有快速准确、容易操作等特点。

1. 酸碱度（pH）的检测

（1）检测方法：用AT-pH管直接吸取水样，再由pH管的颜色和pH色板比色，色调相同的色标即是水样的pH。

（2）结果分析：正常pH值：海水养殖7.5～8.5，淡水养殖6.5～9.0。

2. 溶解氧（DO）的检测

（1）试剂组合：主剂（AT-O_2）+F剂，共2剂。

（2）检测方法：取水样于水桶中，立即用主剂AT-O_2管吸取水样，一次要吸满，不留空气。

竖起AT-O_2管（圆头朝下）静置20分钟，待AT-O_2管内沉淀完毕，轻轻挤掉AT-O_2管上半部的水至刻度（注意不要把沉淀物挤出），然后剪去AT-O_2管封口。

向AT-O_2管加入F剂5滴，轻轻摇至沉淀消失。

由AT-O_2管的颜色和溶解氧比色卡比色，色调相同的色标即是水样中溶解氧的含量（毫克/升）。

（3）结果分析：正常溶解氧为5～8毫克/升。海水溶解氧不低于3毫克/升，淡水溶解氧不低于4毫克/升。

3. 氨（NH_3）的检测

（1）检测方法：用氨管（AT-NH_3）直接从水池中吸取水样，再由氨管的呈色与氨比色卡对照进行比色，色调相同的色标即是总氨（NH_3/HN_4^+）的含量（毫克/升）。

由于有毒非离子氨（NH_3）的含量受pH和温度的控制，所以检测氨时需先测pH值和水温，再从表4-1中查得非离子氨所占的比例，然后由总氨值乘以该比例，即得非离子氨（NH_3）的量。

表4-1　水样中有毒非离子氨的比例（%）

pH值	15℃	20℃	25℃	25℃
6.0	0	0	0	0
6.5	0	0.1	0.2	0.3
7.0	0.3	0.4	0.6	0.8
7.5	0.9	1.2	1.8	2.5
8.0	2.7	3.8	5.5	7.5
8.5	8.0	11.0	15.0	20.0
9.0	21.0	28.0	36.0	45.0
9.5	46.0	56.0	64.0	72.0
10.0	73.0	80.0	85.0	89.0

如测得总氨量为1.6毫克/升，pH值为8.5，水温为25℃，表中非离子氨的比例数为15%，则有毒非离子氨的量为1.6毫克/升×15%=0.24毫克/升。

（2）结果分析：正常情况下水中非离子氨不应超过0.02毫克/升。

4. 亚硝酸盐（HO^{2-}）的检测

（1）检测方法：用亚硝酸盐（AT-NO_2）管直接从水池中吸取水样，5分钟后由AT-NO_2管的呈色与亚硝酸盐比色卡对照比色，色调相同的色标即为水样中亚硝酸盐的含量（毫克/升）。

（2）结果分析：正常情况下，亚硝酸盐值应低于0.2毫克/升。

5. 硫化氢（H_2S）的检测

（1）检测方法：用硫化氢（AT-H_2S）管直接从水池中吸取水样，再由硫化氢管的呈色或色卡对照进行比色，色调相同的色标即是水样中硫化氢的含量（毫克/升）。

（2）结果分析：正常情况下，H_2S含量应低于0.1毫克/升。

第六节 日常管理

饲养管理一切技术措施都是通过管理工作来发挥效能，管理工作必须精心细致，主要包括下面的内容。

一、巡塘

每天坚持巡塘，主要观察水质、鱼活动、浮头以及鱼病等情况，以此决定施肥投饵的数量以及是否要加水、用药等。发现问题及时清除池边杂草，合理注水、施肥等措施，使池水既有丰富的适口天然饵料，又有充足的溶解氧。在混养密度较大的情况下，夏季水温高，鱼的代谢加强，耗氧率增大，加之投饵、水质较差，可能在黎明前后或雷阵雨来临之前，由于气压低、无风、天气闷热时，可能产生浮头，严重时甚至会产生大量死亡。因此，每天至少应巡塘两次，黎明时一次，看有无鱼病和浮头状况，下午16:00—17:00时一次，检查鱼类摄食情况。观察鱼类有无浮头的征兆，做到心中有数。巡塘时，要根据池中各种生物的状态，判断池水的溶氧状态，如池水呈白色或呈粉红色，说明池水溶氧不足，必须马上加新水，如果发现鱼严重浮头，日出后仍不见好转，就要马上开动增氧机，同时加注新水，进行抢救。特别严重时，还应大量泼洒增氧灵，进行抢救，尽量减少损失。

二、防逃

鱼类有逆水习性，要及时加高加固塘埂，有注排水口的池塘，放养前应在注排水口处设竹箔装置。竹箔要有两层，并使竹箔间隙紧密，或安装尼龙网等围栏设施，以防逃鱼，造成损失。

三、防病防敌害

定期清洁、消毒养殖场池塘，生产工具应经常消毒。详细情况在防鱼病害方面再加以叙述。

四、做好日志记录

应建立日记，按时测定水温，溶氧量，记录天气变化情况，施肥投饵数量，注排水和鱼的活动情况等，如发现死鱼要及时捞出，并找出死亡原因，从而找出对应措施。

五、发生泛塘的应急处理

如发生泛塘，鱼已死亡，除立即捞取浮于水面的，还应随即拉网，把死后沉底的也捞出。由于死鱼不易捕起，应多拉几次网，这样可尽量减少损失。

第七节　养殖概况和实例

一、池塘养殖

1. 南海水产研究所咸淡水混养试验

南海水产研究所1987—1989年对黄鳍鲷和鲻进行了咸淡水混养试验研究，试验池3口，面积为8.4～9.5亩，水深1米左右。利用潮水涨落进行加换水，试验水温17.1～30.4℃，海水盐度2.5～12。试验结果如表4-2所示，整个生产过程中，饲料开支约占总开支的43%，种苗开支约占总开支的26%，平均每亩获纯利1 848.95元，投入产出比为1∶1.78（表4-2）。

表4-2　黄鳍鲷与鲻混养试验情况

混养种类	放养规格		放养密度（尾/亩）	养殖时间（天）	收获规格		成活率（%）	亩产（千克）	亩纯利（元）
	平体体长（厘米）	平均体质量（克）			平均体长（厘米）	平均体质量（克）			
黄鳍鲷	9.03	32.5	409	244	17.8	164.5	98.0	65.6	1 848.95
鲻	15.4	58.5	310	323	27.1	310.5	80.1	81.2	

2. 广州龙穴岛黄鳍鲷的连片高产养殖

龙穴岛位于珠江出水口，是一个约5平方千米的小岛，全岛养黄鳍鲷面积最鼎盛时达160公顷。多年来黄鳍鲷的池塘交货价稳定在40~44元/千克，每亩放鱼苗3万~5万尾，投喂饲料以鱼体质量的3%~5%投放。从开始使用鱼浆、配合饲料，过渡到全部使用膨化浮性商品饲料。经过250~280天的养殖，当鱼体质量达到200~250克，即捕大留小。最后，把未达上市规格的并塘，继续养至上市规格。每亩产量600~1 000千克，纯利为1万元。

广州番禺海鸥岛采用五鱼混养的模式：每亩放养黄鳍鲷7 000~8 000尾，金钱鱼1 200尾，卵形鲳鲹500尾，鲈鱼80尾，鯅20尾。一般在清明后放养，先放全长5厘米的黄鳍鲷，1~2个月后，再将金钱鱼放入池塘，再过1个月，放养卵形鲳鲹；再过3个月放鲈鱼。而鯅的放养时间较为随意。所有的鱼都要先标粗再放养，其中鯅的放养规格约为1 000克/尾。黄鳍鲷一般养到200克即可捕捞上市。从水花养至成鱼约需一年半的时间。由于采用多鱼混养和循环养殖，几乎每个季度都有鱼上市，分散了黄鳍鲷养殖周期过长的风险，提高了收益。黄鳍鲷按7 500尾/亩、存活率90%计算，则亩产1 500千克，按照9.5元/千克计算，则收入57 000元/亩，加上金钱鱼、卵形鲳鲹以及鲈鱼等，总体收入可观。

3. 东莞河口池塘养殖

东莞市于1994—1997年间在长安镇和虎门镇开展黄鳍鲷养殖，养殖基地位于河口近岸，均为土池，纳水盐度变幅0.2~21，pH值6.8~7.8。鱼种来源为沿海天然采捕捞的鱼苗，规格为体长1.5~2.5厘米，经中间培育养成鱼种。转入成鱼池。投喂的饲料一是低值冰鲜杂鱼虾、小贝类；二是人工配合浮性颗粒料；日投饲量分别为鱼总体质量的8%~10%和3%~4%。大面积养殖结果：用冰鲜或急冻小杂鱼作为饲料源，饲料系数为8~10，采用浮性颗粒料，饲料系数为2.5~2.7。单养平均每公顷年单产7 300千克，每年产值365 000元/公顷，总成本包括苗种、饲料费、池塘租金、人工、水电费、资产折旧和投资利息等274 115元/公顷。每年纯赢利90 885元/公顷，投入产出比为1：1.33。依池塘单养模式及上述产值和总成本，结合不同饲养规格的市售单价，200克为45元/千克，300克为55元/千克，400克为65元/千克，计算出单养Ⅰ、Ⅱ、Ⅲ和0~Ⅱ、0~Ⅲ龄鱼投入产出比分别为1：1.07、1：1.57、1：1.28、1：1.28和1：1.81。

混养模式：

（1）黄鳍鲷、鲻、篮子鱼混养。三种鱼混养每亩放养量分别为500～700尾（5～7厘米）、200～300尾（7～8厘米）和200～300尾（5～7厘米），养殖一年，黄鳍鲷亩产可达100～150千克。

（2）黄鳍鲷、金钱鱼、篮子鱼混养。三种鱼混养每亩放养量分别为700～900尾（5～7厘米）、200～300尾（5～10厘米）和200～300尾（5～7厘米），养殖一年，黄鳍鲷亩产可达150～200千克。

（3）黄鳍鲷、尖吻鲈混养。每亩放养量分别为200～250尾（5～8厘米）和700～800尾（10～12厘米）；

（4）黄鳍鲷、鲈鱼混养。每亩放养量分别为200～250尾（5～8厘米）和800～1 000尾（10～12厘米）；

（5）黄鳍鲷、笛鲷混养。每亩放养黄鳍鲷150～200尾（5～8厘米）和紫红笛鲷900～1 000尾（12～14厘米）；

（6）黄鳍鲷、卵形鲳鲹混养。每亩放养量分别为150～200尾（5～8厘米）和800～900尾（10～12厘米）。

与鲈、笛鲷、鲳鲹类混养的黄鳍鲷于每年3—4月放苗，翌年2—3月收获，体质量约200克，亩产为30～50千克。

4. 珠海连片池塘养殖

珠海市从20世纪80年代起开始黄鳍鲷大围池塘混养粗养、池塘养殖，90年代开始近岸网箱养殖，黄鳍鲷养殖区域从鹤洲北、斗门区逐步向平沙、南水、红旗、三灶发展。养殖模式从80—90年代传统大围池塘混养、网箱养殖逐步向标准化池塘精养模式转变，形成主要以标准化池塘低盐度精养为主的养殖模式，养殖面积不断扩大，亩养殖产量从初期的几百千克增加到现在的1 000千克以上。目前，全市黄鳍鲷养殖区域主要分布于金湾区红旗镇、三灶镇、南水镇、平沙镇、斗门区斗门镇、乾务镇等区域。2018年，金湾区黄鳍鲷养殖面积超过1万亩，养殖产量1.5万吨，养殖产量分别约占全国的19%，全省的42%。

（1）金湾区某养殖户2011年起养殖黄鳍鲷。从福建和潮汕地区捕获天然鱼苗，规格1～3厘米，放养在冬棚内，水温19℃以上，翌年清明后，当气温连续保持在23℃以上，即开始经拉苗过塘。放养密度为6 000～8 000尾/亩，放苗第2天起开始投喂桡足类、枝角类等饵料生物，每天上午和下午各投喂一次，第12天起投喂鱼糜拌幼鱼配合饲料，15～20天后全部投喂配合饲料。苗种阶段日投喂量约为鱼体质量的5%～7%，成鱼阶段为3%～5%。每亩配养100～150克的鲫30～50尾，和300～500克的鳙10～15尾。养殖过程中需经常换水或定期使用微生物制剂与有机肥保持水质良好。经16个月的养殖，2014年4月下旬收获8 500千克，出鱼规格235克/尾，赶在消费高峰及南海禁渔期间上市。

（2）斗门区某养殖公司2018年11月在3口池塘养殖黄鳍鲷，每亩混养花鳗鲡200尾，经过约15个月的养殖，于2020年2月收获，出鱼规格270～300克/尾，塘头价21.4～22元，平均亩产2 701.5千克，利润21 612元（表4-3）。

表4-3　黄鳍鲷池塘养殖情况

塘号	面积（亩）	放苗时间	过塘时间	过塘规格（尾/千克）	过塘数量（尾）	售鱼时间	售鱼量（千克）	亩产（千克）	利润（亩）
2	5.2	18.11.10	19.3.27	60	47 000	20.2.9	13 546	2 604.5	20 836
3	5.4	18.11.10	19.3.27	60	53 000	20.2.11	13 873	2 569	20 552
4	6.9	18.11.10	19.3.27	60	73 000	20.2.13	20 225.5	2 931	23 448
平均								2 701.5	21 612

（3）黄鳍鲷混养南美白对虾

珠海黄鳍鲷混养南美白对虾的具体做法为：前期采用分开养殖的方式，在进水之前用密网把塘隔开成两个，一边放虾苗，一边放鱼苗，进水之后进行清除野杂鱼、肥水等操作。放养密度为黄鳍鲷6 000尾，南美白对虾3万～5万尾。养殖前期使用虾料养殖，后期投喂海水鱼饲料和虾料。在虾苗生长到4～5厘米，拆掉中间的隔网。

黄鳍鲷从投苗到收鱼周期16～18个月（商品鱼达200克或者250克规格），需要跨年度养殖。养殖户可根据自身资金实力选择适宜自己的模式来安排生产。一种为"11个月模式"：养殖11个月，由于养殖密度、技术的差异，可能尚未到上市的规格，此时可选择出鱼（规格在100克左右），因为大规格鱼种有市场需求

（表4-4）。另一种为"18个月模式"：若养殖户有一定经济实力，养殖黄鳍鲷18个月，待其达到200克或者250克甚至更大才出塘销售（表4-5）。

表4-4　11个月出鱼模式

项目	单价	数量	金额
（一）成本			
黄鳍鲷苗种	仔苗0.3元/尾	仔苗6 000尾/亩	1 800元/亩
南美白对虾苗种	160元/万尾	3万尾/亩	480元/亩
饲料	8 000元/吨	1.2吨/亩	9 600元/亩
其他（电费、鱼药、塘租等）			3 500元/亩
合计			15 380元/亩
（二）收益			
黄鳍鲷	29元/千克	600千克/亩	17 400元/亩
南美白对虾	28元/千克	150千克/亩	4 200元/亩
合计			21 600元/亩
（三）经济效益			
总投入			15 380元/亩
总收益			21 600元/亩
净利润			6 220元/亩

表4-5　18个月出鱼模式

项目	单价	数量	金额
（一）成本			
黄鳍鲷苗种	仔苗0.3元/尾	6 000尾/亩	1 800元/亩
南美白对虾苗种	160元/万尾	3万尾/亩	480元/亩
饲料	7 600元/吨	3.2吨/亩	24 320元/亩

续表

项目	单价	数量	金额
其他（电费、鱼药、塘租等）			10 000元/亩
合计			36 600元/亩
（二）收益			
黄鳍鲷	40元/千克	1 200千克/亩	48 000元/亩
南美白对虾	28元/千克	150千克/亩	4 200元/亩
合计			52 200元/亩
（三）经济效益			
总投入			36 600元/亩
总收益			52 200元/亩
净利润			15 600元/亩

5. 福建省长乐市黄鳍鲷、缢蛏、日本对虾混养

福建省长乐市（2002）进行黄鳍鲷、缢蛏、日本对虾混养试验，池塘面积1～2公顷，虾池四周形成宽2米的蛏埕，面积为虾池总面积的20%。12月前后缢蛏播种。按蛏埕面积计算，一般播种平均规格4 000～6 000粒/千克的缢蛏苗200～300粒/米²。1～2天后投放体长0.8～1厘米的日本对虾苗，投放量为15万～30万尾/公顷，2月投放3厘米的黄鳍鲷苗，投放量为6 000尾/公顷。投喂鲜活小杂鱼虾、贝类为主，人工配合饲料为辅。经3～5个月养成，捕获日本对虾，经10个月养殖，黄鳍鲷长至300克/尾，可捕获上市或第二年再养。缢蛏经1年的养殖，可长到40～60粒/千克，达到上市规格。每亩年产量：黄鳍鲷100千克，对虾10～60千克，缢蛏260千克。每亩产值6 000～10 000元，年利润2 500～4 000元。

6. 福建省龙海市黄鳍鲷与南美白对虾混养

福建省龙海市（2011）开展黄鳍鲷与南美白对虾混养。南美白虾苗一般在清明过后放苗，投放的虾苗淡化至盐度7～10，放养密度5万～6万尾/亩，虾苗养到

2~3厘米左右再投放黄鳍鲷苗。黄鳍鲷放苗密度1 500~2 000尾/亩，放养规格为2~4厘米。鱼苗先在暂养池养到2~4厘米左右再放入大池。养殖户自己标粗的黄鳍鲷苗在11月底到翌年2月放苗。南美白对虾养殖轮捕轮放，大虾开始捕捉时，在暂养池标粗另一批虾苗，待虾苗长到3厘米左右，大虾捕完时再投放入池塘，密度6万尾/亩，一年可轮放3~4批次。黄鳍鲷200克/尾左右即可出售，一般在夏季或10—12月上市。

黄鳍鲷与南美白对虾混养根据不同养殖户的需求，其养殖周期长短不同，鱼的规格也不相同，养殖效益相差甚远。目前主要还是以当年放苗，当年收成为主。以养殖周期为10个月左右的模式进行分析。南美白对虾一年可养二三茬，产量500~600千克/亩，黄鳍鲷产量在200~250千克/亩左右，黄鳍鲷的养殖周期为9~15个月。其养殖成本主要是饲料和电费，投的虾苗多为本地自产苗，价格都较便宜。混养风险较低，各项费用也都不高，这里没有把工人工资计算在内，因为大部分养殖户都是自己在管理。如果计算在内，一亩的总成本一般约为15 000元左右，则鱼虾混养的利润在1万元/亩左右，相对于专养南美白对虾，养殖风险较小，成功率较高，养殖利润增加一半左右。

7. 福建泉州市江蓠与青蟹、黄鳍鲷混养

福建泉州市2011年6—10月，在虾池进行了菊花江蓠与青蟹、黄鳍鲷混养试验。虾池条件虾池面积11.5亩，位于潮间带，池深120厘米。海水盐度25~28。6月12日投放规格为60只/千克的蟹苗，密度为200只/亩。6月15日，投放菊花江蓠苗种，密度为500千克/亩（湿重）。同时，放养体长为4厘米的黄鳍鲷，密度为150尾/亩。

产量与效益：①产量：从6月12日放养至10月29日收获，共收获江蓠41 179千克。青蟹84.8千克，规格为130克/只。收获黄鳍鲷53.1千克，由于收获时黄鳍鲷规格较小（35.8克/尾），故作为苗种出售（1.2元/尾）。②效益分析：总投入83 332.2元，其中江蓠苗种47 150元（8.2元/千克）、黄鳍鲷1 725元（1.2元/尾）、青蟹苗1 840元（0.8元/只）、池租8 625元（1 800元/亩年）、小杂鱼1 035千克1 656元（1.6元/千克）、人员工资20 000元（2 000元/人月，2人）、电费161.2元（0.68元/度，237度）、池塘清整及药品费1 475元、其他费用700元。本试验总收入210 728.6元：其中江蓠205 895元（5元/千克）、青蟹3 052.8元（36元/千

克）、黄鳍鲷1 780.8元（1 484尾）。扣除成本，净利润127 396.4元，平均每亩利润11 077.9元，投入产出比1∶2.5。

8. 海南省黄鳍鲷与斑节对虾混养

据报道（2016），海南省一些养殖户尝试黄鳍鲷与斑节对虾混养。池塘面积一般5～10亩，塘深2米。选择健康的虾苗和鱼苗，虾苗主要根据黄鳍鲷鱼苗个体的大小来选择，一般体长为2～4厘米的黄鳍鲷鱼苗，应选择搭配体长为2～3厘米的虾苗；若体长为5厘米以上的黄鳍鲷鱼苗，则选择体长为5～6厘米的虾苗。先放养虾苗，虾苗体长1～2厘米，放养密度为5万～8万尾/亩，待虾苗长到5～6厘米时，再投放黄鳍鲷鱼苗，投放体长5厘米以上的鱼苗，放养密度为2 000～3 000尾/亩。每天投喂新鲜或冰冻的低值小杂鱼虾和人工配合饲料，每天投喂饵料3～5次，日投喂量占总体质量的2%～8%。配合饲料为小杂鱼投饵量的1/3～1/2。

在海南，斑节对虾与黄鳍鲷混养，一年可养殖3茬斑节对虾，其产量可达600～700千克/亩，斑节对虾采取轮捕轮放方法，即养到80尾/千克时便可插网笼捕虾，捕大留小，然后再适当补充虾苗。黄鳍鲷养殖1年左右，生长到商品规格200克/尾时即可捕获上市，其产量可达300～400千克/亩。

9. 台湾黄鳍鲷鱼塭养殖

黄鳍鲷在我国台湾已有多年的养殖历史，养成方式有鱼池养殖及箱网养殖两种，经过多年的发展，现主要为鱼塭养殖。早期黄鳍鲷养殖主要在屏东一带，后来由于屏东地区的生产成本较高，主要的养殖产地已向北转移到嘉义、云林沿海地区。根据我国台湾渔业署于2013年的统计，我国台湾有黄鳍鲷养殖业者60户，养殖面积32公顷，鱼塭口数106个。幼鱼时期采用较高价的鳗鱼粉状饲料添加益生菌制成团状投喂，当黄鳍鲷长到三指大（约5厘米）时，改用石斑鱼沉性粒状饲料，以自动投饵机早晚各1～2小时定时定量自动喷投粒状饲料，并随鱼体成长改换饲料颗粒大小及增加投喂量直至养成。上市规格是225克以上，捕捞时使用网目3寸的渔网，225克以下的鱼会钻过渔网留在池中，成活率接近八成。非正式统计年产300余吨。价位中上，池边价110元/台斤，养殖成本约75～80元/台斤。

二、网箱养殖

1. 福建省霞浦市网箱养殖黄鳍鲷

福建省农科院1995年9月18日—12月3日在霞浦市采用3米×3米×3米的网箱试验养殖黄鳍鲷，试验鱼种平均体质量为175克，用蛋白质含量分别为45%、40%、35%的高、中、低3种水平的硬颗粒配合饲料（直径为4毫米、长度为8毫米）作为试验组，鲜活饵料（主要是冰冻的鳀科鱼类）作为对照组。历时77天，试验期间水温16～26℃，盐度31.9，日投饵2次。结果表明：对于体质量为150～300克的黄鳍鲷宜采用蛋白质为40%、动植物蛋白比例为1.5～2.0：1的配合饲料，饲料系数为1.86：1，与对照组相比，黄鳍鲷的相对群体日增体质量率提高10.7%，每生产1千克商品鱼饲料成本降低3.7元，生物学综合评价值提高15%（表4-6）。

2. 广西壮族自治区钦州市网箱养殖黄鳍鲷

广西壮族自治区钦州市龙门港网箱某养殖户使用3口体积为6.4立方米的网箱试验养殖黄鳍鲷。试验网箱设在渔排的四周，装设遮光盖和投饲框。每一试验网箱四周与其他网箱至少有一个网箱的距离以利水体交换。试验鱼种为野生的黄鳍鲷，平均体质量为89克，在三口试验网箱的放养密度约为1 000尾/网箱（156尾/米³）。投喂海水鱼膨化浮性成鱼饲料，采用饱食投饲法每日投喂2次。试验期间每月的同一天采样一次以监测鱼的生长表现。试验结果：黄鳍鲷试验从2002年7月8日开始至11月3日结束，共114日。在试验的最后两个月黄鳍鲷的生长最低。在试验期内黄鳍鲷由89克长至159克，平均饲料系数为8.7，平均成活率为85.5%。

表4-6 黄鳍鲷配合饲料的饲养试验结果

组别	平均体质量（克）		尾数		成活率（%）	尾净增体质量（克）	尾平均日增体质量（克）	组净增体质量（克）	总投饲量（千克）	饲料系数	饲料单价（元/千克）	单位增体质量饲料成本（元/千克）	群体日增体质量率（%）	日投饵率（%）	生物学综合评定值（%）
	始	终	始	终											
1	187	297	371	371	100.0	110	1.4	40.81	82.45	2.02	4.19	8.46	0.60	1.22	110
2	148	250	500	478	95.6	102	1.3	48.78	90.75	1.86	3.56	7.37	0.62	1.25	115
3	183	267	402	396	98.5	84	1.1	33.26	79.65	2.39	3.40	8.13	0.47	1.17	95
4	190	292	402	401	99.8	102	1.3	40.90	283.10	6.92	1.60	11.07	0.56	3.86	100

第五章 黄鳍鲷病害防控技术

第一节 正确诊断鱼病和实施防控

在防控鱼病过程中经常见到看似一种简单的病症，但在实际治疗过程中却发现花费了不少的钱财和时间，却得不到预期的疗效。当然，有些鱼病本身顽固不好治愈，但有一些鱼病造成久治不愈多是人为因素促成。

一、鱼病的误判

引发烂鳃病的原因有很多种，常见的有四类：①细菌性烂鳃。②寄生虫（如指环虫、车轮虫、杯体虫等）引起的烂鳃病。③其他疾病继发感染引起的烂鳃症状（如肠炎病、营养不良引起的烂鳃）。④其他因素引起的烂鳃症状（如水质恶化引起的烂鳃）等。

如果不能对病因做出准确的判断，仅凭病鱼鳃部表现出的腐烂症状就简单诊断为细菌性烂鳃，有可能就很难达到满意的治疗效果，这是鱼病久治不愈的重要原因之一。

二、病情主次不分

在养殖生产中，很多种鱼病表现出单一病症的很少，大部分都是几种病症混杂在一起，但一般都是以一种或两种疾病为主，其他表现出来的疾病症状大多都是因为主要疾病的继发感染引起的，比如指环虫病、锚头蚤病往往伴随着细菌性烂鳃病。如果治疗的先后顺序，侧重点产生偏颇，都会造成疾病的蔓延。多表现为一用药死亡量就下降，药一停死亡量就上升，反反复复，疾病总是难见好转。

因此，在治疗过程中一定要分清主次，先治疗主要疾病，后治疗次要疾病，在其中比较严重的疾病得到基本控制后，再针对其余的鱼病用药。

三、药物选择不当

当前市场上鱼用药物种类繁多，仅就治疗细菌性烂鳃病为例，就有氯制剂、二氯制剂、三氯制剂、二氧化氯、季铵盐类等。有些所谓的"新特药"仅仅是换了个名字，药物成分并无什么大的变化。建议最好选择熟悉和对药物成分了解的药物；对于比较新颖的养殖品种的用药或者不了解的新特药，可先进行实验性治疗。

四、药物剂量不足

并非只有高剂量病原才会产生耐药性，药物计量偏低，病原也同样会产生耐药性，沉于水体的虫卵更得不到彻底的杀灭，容易重复感染造成久治不愈。一般药物都有一定的作用剂量，药物说明书上的用量往往是在一般理化条件下的推荐剂量（多是低剂量），不能死板套用，要根据养殖鱼类、养殖条件（如有机质、水温等）和养殖方式等进行调整。如果长期采用低的治疗剂量，仅能对致病菌起到抑制作用，达不到杀灭的效果，反而让细菌和寄生虫等病原对药物有了一定程度的适应，造成了耐药性。

五、用药疗程不够

用药疗程不够，也会造成致病菌得不到彻底的杀灭，会反复感染鱼体，最终产生耐药性。很多疾病从开始用药治疗到治愈都要有一个过程，需要一个疗程或更长一段时间的连续用药。如果在病情稍有稳定后就停止用药是不能保证病不反复的，因此，用药后发现死鱼减少或停止，还应该继续用药以确保疗效，否则，病原菌就有可能在含有较低药物浓度的机体内顽强生长、繁殖，逐步产生耐药性，乃至发生变异。

六、轻易更换药物

大部分药物在杀灭病原的同时，对鱼体都有或多或少的刺激性作用，一些症状严重，濒于死亡的病鱼或者有个别鱼已经虚弱本身就该淘汰，在用药后可能还加速了它的死亡过程，很多人看到这种情况即认为所用药物没有治疗效果，一种药还没有见效，马上又换另一种药，其结果是鱼病没治好，成本又增加了不少。因此，频繁换药，也会导致鱼病久治不愈。

第二节 鲷鱼类常见疾病及防治

一、病毒性鱼病

（1）病原：虹彩病毒，病毒粒子平面观为六角形，大小为200～240纳米，病愈、位于病鱼的脾脏中。

（2）症状：体色变黑，体表和鳍出血，鳃褪色，脾脏、肾脏和头肾肥大。

（3）流行：发病水温为22.6～25.5℃。

（4）防治方法：尚未进行研究。

二、细菌性疾病

1. 弧菌病

（1）病原：鳗弧菌。

（2）症状：体表褪色溃疡，出血，脱鳞，眼睛突出，眼内出血，肠道发炎充血。

（3）流行：养殖真鲷发病季节为6—9月（高温期）和11—3月（低温期）。

（4）防治方法：用土霉素、四环素等抗菌素，每天每千克鱼用50～70毫克，或磺胺类药物，每天每千克鱼用200毫克，混在饲料中，连续投喂3～7天。

2. 链球菌病

（1）病原：链球菌。

（2）症状：狂游，鱼体皮肤出血，腹腔内及肠充血。

（3）流行：7—9月。

（4）预防措施：①投饵量要适宜，勿使鱼过度饱食；②放养密度不要太大。治疗方法：用红霉素、螺旋霉素等抗菌素，每天每千克鱼用20～50毫克，混在饲料中，连续投喂4～10天。

3. 巴斯德氏菌病

（1）病原：杀鱼巴斯德氏菌。

（2）症状：被感染鱼鳃丝黏液增加，腹腔内存在化脓性物质，有许多小白点。

（3）流行：主要流行于夏季，养殖黑鲷幼鱼死亡率可高达90%。

（4）防治方法：①加强日常管理，改善池塘环境，②用抗菌素，每天每千克鱼用20～50毫克，混在饲料中，连续投喂5天。

4. 爱德华氏菌病

（1）病原：迟钝爱德华氏菌。

（2）症状：锄齿鲷生病时，皮肤发生出血性溃烂，脾和肾上有许多白点。

（3）流行：夏秋季节。

（4）防治方法：主要是彻底清塘及其他一般的防病措施。

5. 滑行细菌病

（1）病原：一种曲挠杆菌。

（2）症状：唇部腐烂，尾鳍坏死断裂；头部、躯干、鳍等出发红出血甚至溃疡。

（3）流行：冬季低水温时期。

（4）防治方法：放养密度适宜，保持水质清洁，在疾病流行期尽量避免捕捞或移动。

三、真菌性鱼病

（1）病原：水霉菌。

（2）症状：真鲷被感染时，背鳍基部形成溃疡，也偶见体侧部溃疡。

（3）流行：水霉菌病可延及全年，晚春、初夏是流行季节。感染途经主要是运输及捕捞过程中鱼体受到机械损伤，擦落鳞片或撞伤鳍条，以致霉菌侵入伤口而繁生。但在环境恶化，营养不足，抵抗力太弱时，也会发生此病。

（4）防治方法：改善养殖水体水质状况，结合喷撒硫酸铜，有效浓度为1～3毫克/升；也可用0.1%的高锰酸钾溶液药浴5～10分钟，大鱼可直接用1%的碘酒涂敷患处。

四、原虫性疾病

1. 淀粉卵涡鞭虫病

（1）病原：眼点淀粉卵涡鞭虫。

（2）症状：真鲷、黑鲷和金鲷被感染时，鳃、皮肤、鳍等处有许多白点。

（3）流行：3—9月。

（4）防治方法：①用淡水浸洗，每3～4天重复一次；②硫酸铜全池泼洒，使池水成0.8～1毫克/升，或10～12毫克/升硫酸铜药浴，连续4天；③吖啶黄10毫克/升浸洗2～12小时。

2. 隐鞭虫病

（1）病原：隐鞭虫。

（2）症状：病鱼鳃表皮细胞被破坏，鳃内血管发炎，阻碍鱼血液的正常循环，造成呼吸困难，窒息而死。

（3）流行：6—10月

（4）防治方法：用淡水冲洗。

3. 车轮虫病

（1）病原：车轮虫。

（2）症状：主要寄生在鳃上，刺激鳃丝分泌过多的黏液，导致上皮增生甚至坏死，妨碍呼吸。

（3）流行：车轮虫在天然的和养殖的海水鱼类上都很普遍。

（4）防治方法：①用生石灰彻底清塘；②用0.7毫克/升硫酸铜或硫酸铜和硫酸亚铁合剂（二者比例为5：2）全池泼洒，可有效地杀灭体表和鳃上的车轮虫。

4. 隐核虫病

（1）病原：刺激隐核虫（多子小瓜虫）。

（2）症状：体表和鳃有许多小白点。

（3）流行：对养殖鱼类危害最大的寄生虫，多发于夏季。

（4）防治方法：①用0.3毫克/升醋酸铜全池遍洒；②25毫克/升福尔马林溶液浸泡24小时；③淡水浸洗3～15分钟。

五、线虫病

（1）病原：噬子宫线虫。

（2）症状：病鱼全身性发黑，虫体寄生在皮下组织中，引起寄生部位充血发炎溃烂。

（3）流行：春季到初夏。

（4）防治方法：尚无有效的防治对策。

六、棘头虫病

（1）病原：鲷长颈棘头虫。

（2）症状：寄生在真鲷直肠内，其吻刺入直肠内壁，破坏肠壁组织，引起发炎、充血

（3）流行：6—7月。

（4）防治方法：尚无有效的驱虫药。

七、寄生桡足类引起的疾病

1. 鱼虱病

（1）病原：常见的有东方鱼虱。

（2）症状：病鱼体色发黑或灰白，动作呆滞，或时而狂游，食量降低，重者消瘦死亡。

（3）流行：5—10月。

（4）防治方法：用淡水浸洗15～30分钟，或以0.3～0.4毫克/升敌百虫（90%晶体）全池泼洒。

2. 鲺病

（1）病原：鲺。

（2）症状：被寄生的鱼皮肤受到破坏，黏液增多，并发生溃疡或继发性感染细菌病，严重时引起大批死亡。

（3）流行：5—10月。

（4）防治方法：同鱼虱病。

第三节　黄鳍鲷常见疾病及防治

一、病毒出血性败血症

（1）病原：艾特韦病毒。

（2）症状：病鱼体表两侧出血、上下颌、吻部出血，胸背鳍基部充血。严重时患鱼部分鳞片脱落，有的溃疡。解剖病鱼，肝脏失血，肠道充血（图5-1，见彩插）。

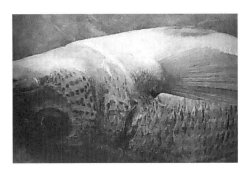

图5-1　黄鳍鲷病毒出血性败血症（引自余德光等，2011）

（3）防治方法

①实行严格的检疫制度，杜绝病原从亲鱼或苗种带入。

②池塘放养前应清淤消毒，每亩用生石灰150千克，或漂白粉25千克（有效率30%）；网箱养殖应经常清洗网衣、定期更换网衣、使水流畅通，降低放养密度。

③放养前用20克/米³聚维酮碘（PVP-I）淡水溶液浸泡种苗5分钟。

④定期投喂大黄、板蓝根、贯众等抗病毒中药，或投喂益生菌。

二、竖鳞病

（1）病原：假单胞菌。

（2）症状：该菌为条件致病菌，养殖水环境污浊、鱼体受伤时易受感染。患鱼有时发黑。鳞片易脱落，鳞囊内积有液体（图5-2，见彩插）。

图5-2　黄鳍鲷竖鳞病（引自余德光等，2011）

（3）流行情况：水温22～25℃易发此病。常见于久未清淤的池塘养殖或流水不通畅的网箱养殖的海水鱼。

（4）防治方法：

① 投喂新鲜饲料。

② 定期在饲料中添加有益微生物，如每千克体质量可添加芽孢杆菌2克或噬酸小球藻1.5克，优化肠道菌落。

③ 发病时每千克体质量可拌料投喂土霉素50～80毫克、维生素C10毫克、大蒜素30克。

④ 每千克体质量可拌料投喂盐酸多西环素20毫克，每天1次，连用3～4天。

三、突眼症

（1）由细菌性感染引起。

（2）症状：发病初期，体表无损伤，也无异常现象，但眼球变白混浊，瞳孔放大，后水晶充血突出，随着病情发展，眼球脱落。

（3）流行季节：主要发生于6—10月。

（4）感染阶段：成鱼。

（5）防治方法：可用0.4～0.5毫克/升二氧化氯或二溴海因全池泼洒。土霉素：25～30毫克/千克鱼，每2～3天投喂一次，疗程7～9天，对防治各种细菌性病有效。四环素和金霉素：30～40毫克/千克鱼，疗程7天。

四、体表溃烂病

（1）病原：由一种弧菌感染引起。

（2）症状：鳍条等发病部位产生黏液，充血，鳍条发红和散开，随着病情发展，患部溃烂，表皮脱落，出血，严重者肌肉外露，不摄食，多在水面晃游。

（3）流行季节：主要发生于10月至翌年5月。

（4）防治方法：可用0.4～0.6毫克/升二氧化氯全池泼洒一次。同时在饲料中添加0.005%氟苯尼考，连喂5～6天。

五、松鼠葡萄球菌病

（1）病原体：松鼠葡萄球菌。

（2）症状：体表鳞片和鳍条充血，腹部红肿，眼球充血外突，肌肉泛红。肝、脾肾充血红肿，胆囊圆胀、鳔、腹膜炎症、腹腔内有少量渗出液。病鱼旋游狂窜，失去平衡，腹部朝上，呈半昏半醒状态（图5-3，见彩插）。

图5-3　黄鳍鲷松鼠葡萄球菌病（引自陈毕生，2011）

（3）流行季节：主要发生在秋季。

（4）防治方法：每千克体质量可拌料投喂盐酸多西环素20毫克，5天为一个疗程。

六、巴斯德氏菌病

（1）病原体：由巴斯德氏菌感染引起。

（2）症状：病鱼沉卧箱底。肛门附近红肿突出，消化道内膜充血，并有黄色黏液，肝脏有许多白点，病发不久即死亡。

（3）流行季节：主要发生在8—10月水温较高时期。

（4）感染阶段：成鱼。

（5）防治方法：

①预防措施。保持养殖区水质良好，不过量投喂或投喂腐败变质饲料。含氯石灰（漂白粉）或漂粉精（有效氯60%～65%），一次量，每1立方米水体1克或0.2～0.3克，全箱泼洒，10天一次。

②治疗方法。氯苄青霉素每天每千克鱼体质量用药20～50毫克或诺氟沙星制成药饲投喂。

可用0.5毫克/升聚维酮碘全池泼洒一次，同时在饲料中添加0.005%氟苯尼考，连喂5～6天。

七、刺激隐核虫病

（1）病原体：刺激隐核虫，又名海水小瓜虫。

（2）症状：刺激隐核虫寄生在鱼的鳃、鳍、皮肤、口腔等处，大量寄生时鳃部黏液增多，体表布满了小白点，也称白点病。患病鱼摄食降低，体色变黑，常在水面游动，主要寄生鳃部和体表上，寄生部位黏液增多，甚至起组织损伤，并继发性细菌感染。

（3）感染阶段：成鱼，一年四季均可发生。

（4）防治方法：①淡水浸泡10~15分钟；②硫酸铜与硫酸亚铁（5：2）10毫克/升，淡水浸泡10~20分钟；③醋酸铜5~10毫克/升，淡水浸泡10分钟；④配合投喂抗菌素，氟哌酸50毫克/千克鱼；⑤土霉素100毫克/千克鱼，连续投喂2~4天。可用8~10毫克/升福尔马林全池泼洒，连续2天。

八、细尾吸虫*Erilepturus hamati*

据Al-Salim，N.K等（2013）报道，在2011年3月至2012年1月期间，在阿拉伯湾伊拉克沿海水域用刺网采集了146尾黄鳍鲷，体长13~36厘米，体质量37~972克。发现其中10尾鱼的胃和肠道寄生有细尾吸虫*Erilepturus hamati*（图5-4）。感染发生在2011年3月、4月、8月和12月，感染率最高的是4月（23.1%），最低的是12月（5%）。感染强度以3月最高（143），8月最低（1）。

图5-4　细尾吸虫 *Erilepturus hamati*，腹面观，标尺=450微米

（引自Al-Salim，N.K.等，2013）

九、车轮虫病

（1）病原：车轮虫。

（2）症状：体表及鳃部分泌大量黏液，形成一层黏液层；鱼体消瘦、发黑，游动缓慢、呼吸困难，最后死亡（图5-5，见彩插）。

（3）流行：车轮虫适宜水温20～28℃，流行于4—7月。在天然的和养殖的海水鱼类上都很普遍，主要危害幼鱼和鱼种。

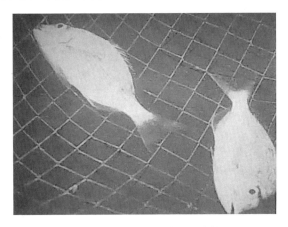

图5-5　黄鳍鲷车轮虫病（引自余德光等，2011）

（4）防治方法：①预防：苗种放养前用淡水浸泡5～10分钟，或用10毫克/升的硫酸铜溶液浸洗15～20分钟；②池塘养殖：用0.7毫克/升硫酸铜或硫酸铜和硫酸亚铁合剂（二者比例为5∶2）全池泼洒；福尔马林，30～50毫升，全池泼洒；阿维菌素，每立方米水体用药0.04～0.05克全池泼洒；③网箱养殖：50%的硫酸铜和硫酸亚铁（5∶2）合剂和50%的细沙混合后挂袋；1/2 500醋酸淡水溶液浸洗10～15分钟；100毫升福尔马林淡水溶液浸泡10分钟。

十、盾纤毛虫病

（1）病原：盾纤毛虫。

（2）症状：食欲减退，常聚群浮于水面，呼吸困难，体表黏液增多。鳃丝失血，色泽变浅，严重时鳃丝黏连（图5-6，见彩插）。

（3）流行季节：流行高峰期主要集中在每年的3—5月。

（4）防治方法：①全池泼洒福尔马林（30～50毫升/米³）；②戊二醛溶液

（0.03～0.04毫升/米³）全池泼洒；或每水加入10毫升戊二醛溶液，浸洗病鱼3～5分钟。

图5-6　黄鳍鲷盾纤毛虫病（引自余德光等，2011）

十一、指环虫病

（1）病原：由指环虫和多种细菌共同感染所引起。

（2）症状：病原体主要寄生在鳃丝上，表现为鳃丝分叉、烂鳃、鳃丝点状充血、色泽变深、黏液增多。严重时出现暗游水中或游于水面，食欲不振或完全不食。

（3）流行季节：流行高峰期主要集中在每年的4—6月和9—11月，即春—夏、秋—冬换季期间。

（4）防治方法：①用甲苯咪唑100毫升/亩全池泼洒，预防使用1次，治疗视病情用2～3次，隔天使用；②聚维酮碘250毫升+大黄五倍子散200克/亩全池泼洒；③进行消毒的同时可配合拌料内服甲苯达唑或恩诺沙星+利菌平+多维进行治疗。

十二、锚头蚤病

（1）病原：由锚头蚤寄生引起。

（2）症状：病原体主要寄生于鳃部和头部，有时体表两侧也有发现。

（3）流行季节：每年10月至翌年4月发病较严重。

（4）防治方法：可用8～10毫克/升福尔马林全池泼洒，连续2天。

十三、冻伤

（1）病因：水温过低，超过了鱼的生理机能耐受限度，引起死亡（图5-7，见彩插）。

（2）症状：体表严重出血，死亡，该症在咸淡水鱼池中常与真菌病形成并发症。

（3）防治方法：过冬前搭建越冬棚。

 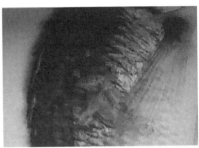

图5-7　黄鳍鲷冻伤后感染水霉菌（引自余德光等，2011）

第六章　黄鳍鲷的收获、运输与质量要求

第一节　成鱼捕捞技术

经过1年半至2年的养殖，池塘养殖的黄鳍鲷陆续达到上市规格，池塘载鱼量趋于饱和，为减轻池塘水体的载鱼负荷，应根据市场行情，通过捕捞，陆续将池塘养殖成鱼捕捞上市销售，既能调节市场，满足社会需要，也能促进小规格品种快速生长，增加池塘养殖经济效益。

目前捕捞黄鳍鲷成鱼多采用拉网作业（图6-1）：即根据存塘鱼估产及拟捕捞上市量，在池塘两边的某一处放下拉网，进行捕捞成鱼。此操作方法适宜100亩以下的池塘，根据需要灵活选择下网处，且捕获的品种较全，尤其是活跃性较强的混养上层鱼。

图6-1　拉网捕鱼

但频繁的拉网、并塘和放养等操作极易造成鱼体受伤，稍有不慎，就会造成生产事故的发生。养殖者必须注意以下四点：

一、选择晴天起捕

秋季拉网捕鱼应选择在天气晴好、气温凉爽、水温适宜、透明度大、溶氧较

高、无鱼浮头的黎明前后进行，因为此时拉网既可减轻对塘鱼的不利影响，又能将刚起捕出塘的新鲜鱼及时供应早市，卖出高价，增加收益。切记不要在闷热天气的傍晚和塘鱼浮头时拉网捕捞，以免引发鱼病和死鱼事故。因为在闷热天气的傍晚和鱼浮头时捕捞，会造成塘鱼严重缺氧，极易导致大量死亡。另外，在塘鱼发病时应严禁拉网捕捞。

二、捕前减量投饲

塘鱼饱食后耗氧量增大，在拉网起捕时会受惊跳跃、逃窜，容易引起死亡。因此，在拉网起捕前一天应停止供食或减少投饲量，不能为了增加出塘鱼的重量而大量投喂精料，否则，一旦出现死鱼，将会造成得不偿失的后果。另外，还应及时清除剩饵、残渣及其他杂物。

三、拉网捕捞方法

对于面积较大、存鱼密度大的池塘，不宜全池拉捕，以拉捕1/2或1/3池为宜。因为水温较高，塘鱼的活动力强，耗氧量大，不耐稠密，围网的鱼太多时，最容易导致伤鱼、死鱼。在拉网操作时，动作应谨慎、轻便、迅速，尽量减少噪声，以减轻对塘鱼的惊扰。把塘鱼围拢后，对起捕的鱼拣选速度要快，先迅速而轻快地将网中尚未达到商品规格的鱼放回原池继续养殖，以免造成小规格的塘鱼受到损伤或窒息死亡。然后再将大规格的商品鱼挑出，进行分类、分规后上市销售。

四、加强捕后管理

拉网起捕后，存塘鱼活动加剧，再加上拉捕过程中搅动了底泥残渣，加速塘底有机物氧化分解，致使耗氧量增大，导致池塘水体的溶氧迅速下降，极易引起存塘鱼浮头或泛塘事故。因此，拉捕后应及时向塘内加注新水，并开启增氧机增氧2～3小时，同时，还应使用生石灰或漂白粉进行灭菌消毒处理，以调优水质，确保存塘鱼安全快长。

第二节　活鱼运输技术

活鱼运输对鱼类品质的影响直接关乎商家的利益和人们的消费需求，提高活鱼的质量是活鱼运输过程中必须解决的问题。活鱼运输是一种复杂的技术，包括暂养、包装、装卸、运输等环节，随着人们生活水平的提高，对海鲜产品的质量要求越来越高，为了提高黄鳍鲷等海产品的销售质量，必须加强商业化运输，改良原有的运输技术，为人们提供一个良好的海产品运输环境。

一、活鱼运输的基本要求

（1）在活鱼运暂养的流通过程中，严禁使用未经国家和有关部门批准取得生产许可批准文号和生产执行标准的任何内服、外剂、注射的渔用药物、渔用消毒剂及渔用麻醉剂产品。禁止使用《中华人民共和国农业公告第193号》规定的禁用药及对人类具有直接危害的其他物质。

（2）使用的渔用药物应以不危害人体健康和不破坏生态环境为基本原则，选择自然降解较快、高效低度毒、低残留的渔药和渔用消毒剂。

（3）待运活鱼应选择无污染、大小均匀、体质健壮、无病、无伤、活力好的个体，其品质应符合GB2733的要求，物残留量应符合《中华人民共和国农业部公告第235号》的规定要求。

（4）鱼在装前应经停喂养1～2天，采用网箱或水池暂养，密度视不同的品种而定。一般为20～45千克/米^2，暂养过程应注意水温、盐度、溶氧、pH值等水质变化、鱼的体质和暂密度情况，并剔除体质较弱和受伤较严重的个体。

（5）每批收购、发运的活鱼应有专职质量检验人员进行验收，记录品种、数量、养殖（捕捞）地点，日期、养殖（捕捞）者的姓名，并进行编号和签名。

（6）运输和管养过程用水水质应符合GB1607的规定，用冰应符合SC/T901的规定。

二、影响活鱼运输效率及存活率的因素

1. 鱼的体质

这是活鱼运输中影响成活率的一个重要因素，健壮的鱼体在不良水环境中的抵御能力强于处于受伤状态的个体，运输前筛选良好体态的活鱼能大大减少企业的损失。处于损伤状态的鱼体通常会出现浮头或沉于池底，鳞片脱落，鱼鳍破损，体表充血，黏膜损伤，对外界刺激反应迟钝或无明显反应；而体态良好的活鱼在池中游动平稳，鱼鳍舒展，体表光滑，对外界刺激反应灵敏。

2. 暂养

养殖之前进行的适应性短期饲养，包括停食、清肠和拉网锻炼等。运输前停止投食，使鱼体排泄代谢产物，降低新陈代谢和运输途中的能耗，可提高活鱼运输的质量。停止投食后，运输前的1~2天对鱼进行拉网锻炼，每天1~2次，每次1小时，使鱼肠道内的食物最大程度的消化并排泄干净。暂养密度直接影响到暂养池中的溶氧量，关系到鱼的品质。暂养时的密度应根据暂养池的大小和暂养时长来定，密度不宜过高，时间不宜过长。密度过大，鱼肌肉长期紧张，乳酸大量积累，肌肉和血液的pH值下降，耗氧量增加，降低鱼肉品质。一般控制在48~72小时为宜。

3. 溶解氧

溶氧量与诸多因素相关。若为降低生产成本而提高运鱼密度，会生成大量对鱼有毒害作用的氨氮，水中的溶氧和氨氮成反比，即溶氧升高，氨氮含量降低；溶氧降低，氨氮含量升高。增加水中溶氧量可大大降低水中氨氮含量，从而降低鱼类氨中毒死亡率。鱼在静止状态下耗氧量较少，兴奋状态下耗氧量高达静止状态下的3~5倍。试验表明，运输水溶氧量一般应控制在5毫克/升以上。

4. 二氧化碳、pH值以及氨氮

二氧化碳多由鱼体内代谢产生，排到水中，溶于水显酸性。若水中二氧化碳逸出，则水中二氧化碳的积累不会大到危及鱼的生存；若水中二氧化碳无法逸出，虽然水中二氧化碳能降低非离子氨等对鱼更大的毒性物质比例，但水中二氧化碳无法扩散，长时运输时水中二氧化碳会积累到高浓度，阻碍水中氧气分子与血红蛋白质结合，会造成高碳酸血症，导致鱼大量死亡。pH值偏高或偏低都会刺激活鱼的神经末梢，影响其呼吸速率。试验表明，淡水鱼最适宜的pH值为6.5~8.5，海水鱼最适宜的pH值为7.5~8.5。鱼排泄物、黏液等逐渐积累，使水中氨类物质含量不断升高，氨类物质在水中显碱性，与水中溶氧相互制约。保持运输用水的高溶解氧，可降低氨类物质含量，减少鱼体氨中毒。

5. 水温

鱼类是变温动物，对水温敏感，温差大于4℃会使鱼体不适。鱼的代谢活动随水温升高而增强，水温每升高10℃，耗氧量大约增加1倍，溶氧饱和度下降。

鱼体活动量增大，体表易碰伤。鱼表皮受到热刺激后会大量分泌黏液，污染水质；同时高温下水中有机物分解速度加快，有利于病原微生物滋生。适宜温度范围内降低水温，鱼代谢强度减弱，耗氧率降低。活动量减少，鱼之间因激烈碰撞而造成的鳞片脱落现象减少，鱼体表感染病原微生物的概率降低。试验表明，暖水性鱼类夏季适宜的水体运输温度为10~12℃，春秋两季适宜的水体运输温度为5~6℃。

三、充氧水运输

活鱼运输过程中通过使用充气机、水泵喷淋或直接充入氧气，使敞开式或封闭式的运鱼装载容器的水体中增加溶氧量进行活鱼运输。

1. 运输工具

根据装运方式和鱼的种类、特性、运输季节、距离、数量、运输时间选择适合的运输工具。

（1）装载容器常用木箱、塑料箱、帆布桶和薄膜袋等，重复使用的装载容器应能方便清洗和安装有良好的进排水装置。

（2）长途运输时，应采用专用的活鱼运输车或其他配备有小型发电机、循环水泵，管道，过滤装置，控温系统和充氧装置的运输设备。

（3）运输车（船）及装运工具应保持净、无污染，无异味，应备有防雨防尘设施，在装运过程中禁止带入有污染或潜在污染的化学物品。

2. 运输管理

充氧水运输方式可分为封闭式充氧运输和敞开式充氧运输两大类型，适用于大、中、小各种规模的活鱼运输，可车运，也可船运（图6-2）。

（1）运输前应制定周密的运输计划，包括起运和到达目的地时间；途中补水换水、洒水、换袋以及补氧等管理措施。

（2）装运容器在装运前应检查容器是否有破损并清洗干净，必要时进行灭菌消毒，装鱼前，装载容器应先加入新水，并将水温调控至暂养池的温度相同。

（3）装运海鱼时，应加入与养殖场海水盐度相同的海水，如采用加冰降温时则应根据所加冰块质量加入相应的人工海水配制盐，使盐度保持稳定。

（4）运输过程应根据鱼的种类调节适合的水温，冷水性鱼类水温宜控在6~8℃，暖水性鱼类水温宜控制在10~12℃，起运前如水温过高，应采用加冰降温或制冷机缓慢降温，降温梯度每小时不应超过5℃。

（5）采用敞开式或封闭式充气运输装置装运时，在运输过程中应保持连续充气增氧，使水中的溶氧量达到8毫克/升以上。

（6）采用塑料薄膜袋加水充氧封闭式装运时，装鱼前应先检查塑料袋是否漏气，然后注入约1/3空间的新水，再放入活鱼，接着充入纯氧，扎紧袋口，放进纸板箱或塑料箱中进行运输，用于空运时，充氧袋不应过分充氧。

图6-2　活鱼充氧水运输

四、活水舱运输

在运输船水线下设置装运鱼的水舱，并在水舱的上、中、下层均匀开有与外界水相通的孔道。在航行时从前方小孔进水，后面出水，使水舱内保持水质清新与稳定的条件下进行活鱼运输（图6-3）。

1.运输工具

（1）活鱼运输船应有抗风浪能力，活水舱内水深应保持在1米以上，舱内壁应光滑和易于清洗。

（2）对于集群性强的品种，可用网箱分隔放置，防止局部的鱼结集太密而缺氧。

2.运输管理

（1）活水舱运输适用在水质良好的水域环境进行大批量的长途船运。

（2）装载前应检查船上各种器具是否正常，检查进出水孔门是否能正常开闭，舱内防逃网箱有无破损，并彻底清洗。

（3）装载密度应根据运输水域的水温、运输时间而定，一般不应高于150千克/米³。

（4）航行时若遇污染，盐度不适，混浊等不良水质或船在停泊较长时间无法进新鲜水时，应及时关闭进排水孔道并及时进行增氧。

（5）航行期间应经常检查鱼活动情况，发现异常情况应及时处理。

图6-3　活水舱运输

五、暂养

活鱼运达销售目的地后，应根据不同的品种，投放在适宜的水体中暂养。

（1）暂养池的水温应预先控制在与运输时基本相同的水体温度，投放鱼时温度相差不应超过5℃以上。

（2）卸鱼时应使用抄网捞鱼，操作要轻快。

（3）投鱼后如需调控水温时，降温梯度每小时不应超过5℃。

（4）在暂养期间，应保持开动水泵循环过滤水质和开动充气机增氧。

第三节　冰鲜运输

冷鲜鱼的运输可用箱、桶等容器进行车运或船运，也可以在船舱中散装运输，但箱、桶装载的鱼货质量比散装的好。冰鲜鱼运输中应注意的要点为：

（1）冰量适当，根据不同季节、运输距离和时间的长短等作适当增减。

（2）冰质清洁，块形越小越好，一般用碎冰机轧碎的机制冰。

（3）船舱或桶箱中鱼货堆积的厚度不宜太厚，舱的底部应用舱板或木条垫起，箱、桶底部应有小孔，以便排出溶化的冰水，避免冰水浸渍鱼体。

在冷链运输过程中，温度波动是引起冰鲜品质下降的主要原因之一，所以运输工具应具有良好性能，在运输全过程中，无论是装卸搬运、变更运输方式、更换包装设备等环节，都使所运输货物始终保持一定温度的运输。尽量组织"门到门"的直达运输，提高运输速度（图6-4）。

图6-4　冰鲜运输

第四节 鲜鱼质量要求

一、上市规格

生产上黄鳍鲷商品鱼收购等级一般分为三级：小规格鱼150～200克/尾，中规格鱼200～250克/尾，大规格鱼250克/尾以上。

黄鳍鲷市场价格比较稳定，商品鱼塘头价一般在32～40元/千克，养殖面积不算太多，是黄鳍鲷的价格能够一直保持比较稳定的重要原因。0.5千克以上44～46元/千克，150～200克的价格在30～34元/千克，50～100克的价格在18～20元/千克。

二、质量要求

收购或上市的黄鳍鲷鲜鱼的质量应符合中华人民共和国国家标准《鲜海水鱼通则GBT 18108—2019》和《食品安全国家标准 鲜冻动物性水产品GB 2733—2015》的规定。

1. 感官要求

鲜鱼的感官要求应符合表6-1的规定。

表6-1　鲜鱼的感官要求

项目	优质品	合格品
鱼体	鱼体硬直、完整，具有鲜鱼固有色泽、色泽明亮，花纹清晰	鱼体较软，基本完整，鱼体色泽较暗，花纹较清晰
肌肉	肌肉组织紧密，有弹性，切面有光泽，肌纤维清晰	肌肉组织尚紧密，有弹性，肌纤维较清晰
眼球	眼球饱满，角膜清晰明亮	眼球平坦或微陷，角膜较混浊
鳃	鳃丝清晰，色鲜红，有少量黏液，黏液透明	鳃丝稍浊，色粉红到褐色，有黏液覆盖，黏液略浑浊
气味	具海水鱼固有气味	允许鳃丝有轻微异味但无臭味、无氨味
杂质	无外来杂质，去内脏鱼腹部应无残留内脏	
蒸煮试验	具鲜鱼固有的鲜味，肌肉组织口感紧密有弹性，滋味鲜美	气味较正常，肌肉组织口感较松软，滋味稍鲜

2. 理化指标

鲜鱼的理化指标应符合表6-2的规定。

表6-2 鲜鱼的理化指标

项目	优质品	合格品
挥发性盐基胺（VBN）/（毫克/100克）	≤15	≤30
组胺	≤20	

附录一 水产养殖用药明白纸2022年1号

水产养殖食用动物中禁止使用的药品及其他化合物清单

序号	名称	依据
1	酒石酸锑钾（Antimony potassium tartrate）	
2	β-兴奋剂(β-agonistis)类及其盐、酯	
3	汞制剂：氯化亚汞（甘汞）（Clelomel）、醋酸汞（Mercurous acetate）、硝酸亚汞（Mercurous nitrate），吡啶基醋酸汞（Pyridyl mercurous acetate）	
4	毒杀芬（氯化烯）（Camahechlor）	
5	卡巴氧（Carbadox）及其盐、酯	
6	呋喃丹（克百威）（Carbofuran）	
7	氯霉素（Chloramphenicol）及其盐、酯	
8	杀虫脒（克死螨）（Chlordimefrom）	
9	氨苯砜（Dapsone）	
10	硝基呋喃类：呋喃西林（furacilnum）、呋喃妥因（Furadantin）、呋喃它酮（Furalltadone）、呋喃唑酮（Furrazolidone）、呋喃苯烯酸钠（Nifurstyrenate sodium）	
11	林丹(Lindane)	
12	孔雀石绿（Malachite green）	
13	类固醇激素：醋酸美仑孕酮（Melengestrol Acetate）、甲基睾丸酮（Methyltosterone）、群勃龙（去甲雄三烯醇酮）（Trenbone）、玉米赤霉醇（Zeranol）	农业农村部公告第250号
14	安眠酮（Methaqualone）	
15	硝呋烯腙（Nitrovin)）	
16	五氯酚酸钠（Pentachlorophenol sodium）	
17	硝基咪唑类：洛硝达唑（Ronidazole）、替硝唑（Tinidazole）	
18	硝基酚钠（Sodium nitrophenolate）	
19	已二烯雌酚（Dienoestrol）、已烯雌酚（Diethystilbestrol）、已烷雌酚（Hexoestrol）及其盐、酯	
20	锥虫砷胺（Tryparsamile）	
21	万古霉素（Vancomycin）及其盐、酯	

水产养殖食用动物中停止使用的兽药

序号	名称	依据
1	洛美沙星、培氟沙星、氧氟沙星、诺氟沙星4种兽药的原料药的各种盐、酯及其各种制剂	农业部公告第2292号
2	噬菌蛭弧菌微生态制剂（生物制菌王）	农业部公告第2294号
3	喹乙醇、氨苯砷酸，溶克沙肿3种兽药的原料药及各种制剂	农业部公告第2638号

《兽药管理条例》第三十九条规定："禁止使用假、劣兽药以及国务院兽医行政管理部门规定禁止使用的药品和其他化合物。"

《兽药管理条例》第四十一条规定："禁止将原料药直接添加到饲料及动物饮用水中或者直接饲喂动物，禁止将人用药品用于动物。"

《农药管理条例》第三十五条规定："严禁使用农药毒鱼、虾、鸟、兽等。"

依据《中华人民共和国农产品质量安全法》《兽药管理条例》等有关规定，地西泮等畜禽用兽药在我国均未经审查批准用于水产动物，在水产养殖过程中不得使用。

附录二 水产养殖用药明白纸2022年2号

（已批准的水产养殖用兽药，截至2022年9月30日）

序号	名称	依据	休药期	序号	名称	依据	休药期
	抗生素			15	甲苯咪唑溶液（水产用）*	B	500度日
1	甲砜霉素粉*	A	500度日	16	地克珠利预混剂（水产用）	B	500度日
2	氟苯尼考粉*	A	375度日				
3	氟苯尼考注射液	A	375度日	17	阿苯达唑粉（水产用）	B	500度日
4	氟甲喹粉*	B	175度日	18	吡喹酮预混剂（水产用）	B	500度日
5	恩诺沙星粉（水产用）*	B	500度日				
6	盐酸多西环素粉（水产用）*	B	750度日	19	辛硫磷溶液（水产用）*	B	500度日
				20	敌百虫溶液（水产用）*	B	500度日
7	维生素C磷酸酯镁盐酸环丙沙星预混剂*	B	500度日	21	精制敌百虫粉（水产用）*	B	500度日
8	盐酸环丙沙星盐酸小檗碱预混剂*	B	500度日	22	盐酸氯苯胍粉	B	500度日
9	硫酸新霉素粉（水产用）*	B	500度日	23	氯硝柳胺粉（水产用）	B	500度日
				24	硫酸锌粉（水产用）	B	未规定
10	磺胺间甲氧嘧啶钠粉（水产用）*	B	500度日	25	硫酸锌三氯异氰脲酸粉（水产用）	B	未规定
11	复方磺胺嘧啶粉（水产用）*	B	500度日	26	硫酸铜硫酸亚铁粉（水产用）	B	未规定
12	复方磺胺二甲嘧啶粉（水产用）*	B	500度日	27	氰戊菊酯溶液（水产用）*	B	500度日
13	复方磺胺甲噁唑粉（水产用）*	B	500度日	28	溴氰菊酯溶液（水产用）*	B	500度日
	驱虫和杀虫剂			29	高效氯溴氰菊酯溶液（水产用）*	B	500度日
14	复方甲苯咪唑粉	A	150度日				

序号	名称	依据	休药期	序号	名称	依据	休药期
	抗真菌药			47	硫代硫酸钠粉（水产用）	B	未规定
30	复方甲霜灵粉	C2505	240度日	48	硫酸铝钾粉（水产用）	B	未规定
	消毒剂			49	碘附（1）	B	未规定
31	三氯异氰脲酸粉	B	未规定	50	复合碘溶液（水产用）	B	未规定
32	三氯异氰脲酸粉（水产用）	B	未规定	51	溴氯海因粉（水产用）	B	未规定
33	浓戊二醛溶液（水产用）	B	未规定	52	聚维酮碘溶液（Ⅱ）	B	未规定
34	稀戊二醛溶液（水产用）	B	未规定	53	聚维酮碘溶液（水产用）	B	500度日
35	戊二醛苯扎溴铵溶液（水产用）	B	未规定	54	复合亚氯酸钠粉	C2236	0度日
36	次氯酸钠溶液（水产用）	B	未规定	55	过硫酸氢钾复合物粉	C2357	无
37	过碳酸钠（水产用）	B	未规定		中药材和中成药		
38	过硼酸钠粉（水产用）	B	0度日	56	大黄末	A	未规定
39	过氧化钙粉（水产用）	B	未规定	57	大黄芩鱼散	A	未规定
40	过氧化氢溶液（水产用）	B	未规定	58	虾蟹脱壳促长散	A	未规定
41	含氯石灰（水产用）	B	未规定	59	穿梅三黄散	A	未规定
42	苯扎溴铵溶液（水产用）	B	未规定	60	蚌毒灵散	A	未规定
43	癸甲溴铵碘复合溶液	B	未规定	61	七味板蓝根散	B	未规定
44	高碘酸钠溶液（水产用）	B	未规定	62	大黄末（水产用）	B	未规定
45	蛋氨酸碘粉	B	虾0日	63	大黄解毒散	B	未规定
46	蛋氨酸碘溶液	B	鱼虾0日	64	大黄芩蓝散	B	未规定
				65	大黄侧柏叶合剂	B	未规定
				66	大黄五倍子散	B	未规定
				67	三黄散（水产用）	B	未规定
				68	山青五黄散	B	未规定

续表

序号	名称	依据	休药期	序号	名称	依据	休药期
69	川楝陈皮散	B	未规定	94	虎黄合剂	B	未规定
70	六味地黄散（水产用）	B	未规定	95	虾康颗粒	B	未规定
71	六味黄龙散	B	未规定	96	柴黄益肝散	B	未规定
72	双黄白头翁散	B	未规定	97	根莲解毒散	B	未规定
73	双黄苦参散	B	未规定	98	清键散	B	未规定
74	五倍子末	B	未规定	99	清热散（水产用）	B	未规定
75	石知散（水产用）	B	未规定	100	脱壳促长散	B	未规定
76	龙胆泻肝散（水产用）	B	未规定	101	黄连解毒散（水产用）	B	未规定
77	加减消黄散（水产用）	B	未规定	102	黄芪多糖粉	B	未规定
78	百部贯众散	B	未规定	103	银翘板蓝根散	B	未规定
79	地锦草末	B	未规定	104	雷丸槟榔散	B	未规定
80	地锦鹤草散	B	未规定	105	蒲甘散	B	未规定
81	苦参散	B	未规定	106	博落回散	C2374	未规定
82	驱虫散（水产用）	B	未规定	107	银黄可溶性粉	C2415	未规定
83	苍术香连散（水产用）	B	未规定		生物制品		
84	扶正解毒散（水产用）	B	未规定	108	草鱼出血病灭活疫苗	A	未规定
85	肝胆利康散	B	未规定	109	草鱼出血病活疫苗（GCH V-892株）	B	未规定
86	连翘解毒散（水产用）	B	未规定	110	牙鲆鱼溶藻弧菌、鳗弧菌、迟缓爱德华菌病多联抗独特型抗体疫苗	B	未规定
87	板黄散	B	未规定	111	嗜水气单胞菌败血症灭活疫苗	B	未规定
88	板蓝根末	B	未规定	112	鱼虹彩病毒病灭活疫苗	C2152	未规定
89	板蓝根大黄散	B	未规定	113	大菱鲆迟钝爱德华氏菌活疫苗（EIBA V1株）	C2270	未规定
90	青莲散	B	未规定				
91	青连白贯散	B	未规定				
92	青板黄柏散	B	未规定				
93	苦参末	B	未规定				

序号	名称	依据	休药期	序号	名称	依据	休药期
114	大菱鲆鳗弧菌基因工程活疫苗（MVAV6203株）	D158	未规定	120	注射用复方鲑鱼促性腺激素释放激素类似物	B	未规定
115	鳜传染性脾肾坏死病灭活疫苗（NH0618株）	D253	未规定	121	注射用复方绒促性素A型（水产用）	B	未规定
维生素类药				122	注射用复方绒促性素B型（水产用）	B	未规定
116	亚硫酸氢钠甲萘醌粉（水产用）	B	未规定	123	注射用绒促性素（I）	B	未规定
117	维生素C钠粉（水产用）	B	未规定	124	鲑鱼促性腺激素释放激素类似物	D520	未规定
激素类				其他类			
118	注射用促黄体素释放激素A$_2$	B	未规定	125	多潘立酮注射液	B	未规定
119	注射用促黄体素释放激素A$_3$	B	未规定	126	盐酸甜菜碱预混剂（水产用）	B	0度日

说明：

1. 对2020年版进行修订，抗菌药中增补"盐酸环丙沙星盐酸小檗碱预混剂"，中草药中剔除"五味常青颗粒"，激素类中新增"鲑鱼促性腺激素释放激素类似物"。

2. 本宣传材料仅供参考，已批准的兽药名称，用法用量和休药期，以兽药典、兽药质量标准及相关公告为准。

3. 代码解释，A.兽药典2020年版，B.兽药质量标准2017年版，C.农业部公告，D.农业农村部公告。

4. 休药期中"度日"是指水温与停药天数乘积，如某种兽药休药期为500度日，当水温25摄氏度，至少需停药20天以上，即25摄氏度×20日=500度日。

5. 水产养殖生产者应依法做好用药记录，使用有休药期规定的兽药必须遵守休药期。

6. 带*的为兽用处方药，需凭借执业兽医处方购买和使用。

农业农村部渔业渔政管理局　中国水产科学研究院　全国水产技术推广总站 2022年11月。

附录三　淡水养殖用水水质标准

NY5051-2001 无公害食品 淡水养殖用水水质

淡水养殖水质要求

序号	项目	标准值
1	色、臭、味	养殖水体不得有异色、异臭、异味
2	总大肠菌群，个/升	≤5 000
3	汞，毫克/升	≤0.000 5
4	镉，毫克/升	≤0.005
5	铅，毫克/升	≤0.05
6	铬，毫克/升	≤0.1
7	铜，毫克/升	≤0.01
8	锌，毫克/升	≤0.1
9	砷，毫克/升	≤0.05
10	氟化物，毫克/升	≤1
11	石油类，毫克/升	≤0.05
12	挥发性酚，毫克/升	≤0.005
13	甲基对硫磷，毫克/升	≤0.000 5
14	马拉硫磷，毫克/升	≤0.005
15	乐果，毫克/升	≤0.1
16	六六六（丙体），毫克/升	≤0.002
17	DDT，毫克/升	≤0.001

附录四　海水养殖用水水质标准

NY5052-2001 无公害食品 海水养殖用水水质

附表9　海水养殖水质要求

序号	项目	标准值
1	色、臭、味	海水养殖水体不得有异色、异臭、异味
2	大肠菌群，个/升	≤5 000，供人生食的贝类养殖水质≤500
3	粪大肠菌群，个/升	≤2 000，供人生食的贝类养殖水质≤140
4	汞，毫克/升	≤0.000 2
5	镉，毫克/升	≤0.005
6	铅，毫克/升	≤0.05
7	六价铬，毫克/升	≤0.01
8	总铬，毫克/升	≤0.1
9	砷，毫克/升	≤0.03
10	铜，毫克/升	≤0.01
11	锌，毫克/升	≤0.1
12	硒，毫克/升	≤0.02
13	氰化物，毫克/升	≤0.005
14	挥发性酚，毫克/升	≤0.005
15	石油类，毫克/升	≤0.05
16	六六六，毫克/升	≤0.001
17	滴滴涕，毫克/升	≤0.000 05
18	马拉硫磷，毫克/升	≤0.000 5
19	甲基对硫磷，毫克/升	≤0.000 5
20	乐果，毫克/升	≤0.1
21	多氯联苯，毫克/升	≤0.000 02

附录五　海水盐度、相对密度换算表

海水17.5℃时，海水盐度与相对密度的相互关系

盐度	比重	盐度	比重	盐度	比重	盐度	比重
1.84	1.001 4	5.70	1.004 4	9.63	1.007 4	13.57	1.010 4
1.91	1.001 5	5.83	1.004 5	9.76	1.007 5	13.70	1.010 5
2.03	1.001 6	5.96	1.004 6	9.89	1.007 6	13.84	1.010 6
2.17	1.001 7	6.09	1.004 7	10.03	1.007 7	13.96	1.010 7
2.30	1.001 8	6.22	1.004 8	10.16	1.007 8	14.09	1.010 8
2.43	1.001 9	6.36	1.004 9	10.28	1.007 9	14.23	1.010 9
2.56	1.002 0	6.49	1.005 0	10.42	1.008 0	14.36	1.011 0
2.69	1.002 1	6.62	1.005 1	10.55	1.008 1	14.49	1.011 1
2.83	1.002 2	6.74	1.005 2	10.68	1.008 2	14.61	1.011 2
2.95	1.002 3	6.88	1.005 3	10.81	1.008 3	14.75	1.011 3
3.08	1.002 4	7.01	1.005 4	10.94	1.008 4	14.89	1.011 4
3.21	1.002 5	7.14	1.005 5	11.08	1.008 5	15.01	1.011 5
3.35	1.002 6	7.27	1.005 6	11.20	1.008 6	15.15	1.011 6
3.48	1.002 7	7.40	1.005 7	11.34	1.008 7	15.28	1.011 7
3.60	1.002 8	7.54	1.005 8	11.47	1.008 8	15.41	1.011 8
3.73	1.002 9	7.67	1.005 9	11.60	1.008 9	15.53	1.011 9
3.87	1.003 0	7.79	1.006 0	11.73	1.009 0	15.67	1.012 0
4.00	1.003 1	7.93	1.006 1	11.86	1.009 1	15.81	1.012 1
4.13	1.003 2	8.06	1.006 2	12.00	1.009 2	15.93	1.012 2
4.26	1.003 3	8.19	1.006 3	12.12	1.009 3	16.07	1.012 3
4.40	1.003 4	8.31	1.006 4	12.26	1.009 4	16.20	1.012 4
4.52	1.003 5	8.45	1.006 5	12.39	1.009 5	16.33	1.012 5
4.65	1.003 6	8.59	1.006 6	12.52	1.009 6	16.46	1.012 6
4.78	1.003 7	8.71	1.006 7	12.65	1.009 7	16.59	1.012 7
4.92	1.003 8	8.84	1.006 8	12.78	1.009 8	16.73	1.012 8
5.05	1.003 9	8.97	1.006 9	12.92	1.009 9	16.85	1.012 9
5.17	1.004 0	9.11	1.007 0	13.04	1.010 0	16.98	1.013 0
5.31	1.004 1	9.24	1.007 1	13.17	1.010 1	17.12	1.013 1
5.44	1.004 2	9.37	1.007 2	13.31	1.010 2	17.25	1.013 2
5.57	1.004 3	9.51	1.007 3	13.44	1.010 3	17.38	1.013 3

盐度	比重	盐度	比重	盐度	比重	盐度	比重
17.51	1.013 4	21.72	1.016 6	25.91	1.019 8	30.12	1.023 0
17.65	1.013 5	21.85	1.016 7	26.05	1.019 9	30.25	1.023 1
17.77	1.013 6	21.98	1.016 8	26.18	1.020 0	30.37	1.023 2
17.90	1.013 7	22.11	1.016 9	26.31	1.020 1	30.51	1.023 3
18.04	1.013 8	22.25	1.017 0	26.45	1.020 2	30.64	1.023 4
18.17	1.013 9	22.38	1.017 1	26.58	1.020 3	30.77	1.023 5
18.30	1.014 0	22.50	1.017 2	26.71	1.020 4	30.90	1.023 6
18.43	1.014 1	22.64	1.017 3	26.83	1.020 5	31.03	1.023 7
18.57	1.014 2	22.77	1.017 4	26.97	1.020 6	31.17	1.023 8
18.69	1.014 3	22.90	1.017 5	27.11	1.020 7	31.29	1.023 9
18.82	1.014 4	23.03	1.017 6	27.23	1.020 8	31.43	1.024 0
18.96	1.014 5	23.16	1.017 7	27.36	1.020 9	31.56	1.024 1
19.09	1.014 6	23.30	1.017 8	27.49	1.021 0	31.69	1.024 2
19.22	1.014 7	23.42	1.017 9	27.63	1.021 1	31.82	1.024 3
19.35	1.014 8	23.56	1.018 0	27.75	1.021 2	31.94	1.024 4
19.49	1.014 9	23.69	1.018 1	27.89	1.021 3	32.09	1.024 5
19.61	1.015 0	23.82	1.018 2	28.03	1.021 4	32.21	1.024 6
19.74	1.015 1	23.95	1.018 3	28.15	1.021 5	32.34	1.024 7
19.88	1.015 2	24.08	1.018 4	28.28	1.021 6	32.47	1.024 8
20.01	1.015 3	24.22	1.018 5	28.41	1.021 7	32.60	1.024 9
20.14	1.015 4	24.34	1.018 6	28.55	1.021 8	32.74	1.025 0
20.27	1.015 5	24.47	1.018 7	28.68	1.021 9	32.86	1.025 1
20.41	1.015 6	24.61	1.018 8	28.80	1.022 0	32.99	1.025 2
20.53	1.015 7	24.74	1.018 9	28.94	1.022 1	33.13	1.025 3
20.66	1.015 8	24.87	1.019 0	29.07	1.022 2	33.26	1.025 4
20.80	1.015 9	25.00	1.019 1	29.20	1.022 3	33.39	1.025 5
20.93	1.016 0	25.14	1.019 2	29.33	1.022 4	33.51	1.025 6
21.06	1.016 1	25.26	1.019 3	29.46	1.022 5	33.65	1.025 7
21.19	1.016 2	25.39	1.019 4	29.60	1.022 6	33.78	1.025 8
21.33	1.016 3	25.53	1.019 5	29.72	1.022 7	33.91	1.025 9
21.46	1.016 4	25.66	1.019 6	29.85	1.022 8	34.04	1.026 0
21.58	1.016 5	25.79	1.019 7	29.98	1.022 9	34.17	1.026 1

续表

盐度	比重	盐度	比重	盐度	比重	盐度	比重
34.31	1.026 2	36.13	1.027 6	37.95	1.029 0	39.78	1.030 4
34.43	1.026 3	36.26	1.027 7	38.08	1.029 1	39.90	1.030 5
34.56	1.026 4	36.39	1.027 8	38.22	1.029 2	40.04	1.030 6
34.70	1.026 5	36.52	1.027 9	38.35	1.029 3	40.17	1.030 7
34.83	1.026 6	36.65	1.028 0	38.48	1.029 4	40.30	1.030 8
34.96	1.026 7	36.78	1.028 1	38.60	1.029 5	40.43	1.030 9
35.08	1.026 8	36.91	1.028 2	38.73	1.029 6	40.53	1.031 0
35.21	1.026 9	37.04	1.028 3	38.87	1.029 7	40.68	1.031 1
35.35	1.027 0	37.18	1.028 4	39.00	1.029 8	40.81	1.031 2
35.48	1.027 1	37.30	1.028 5	39.13	1.029 9	40.95	1.031 3
35.61	1.027 2	37.43	1.028 6	39.25	1.023 0	41.08	1.031 4
35.73	1.027 3	37.56	1.028 7	39.38	1.023 1	41.20	1.031 5
35.87	1.027 4	37.69	1.028 8	39.52	1.023 2	41.33	1.031 6
36.00	1.027 5	37.83	1.028 9	39.65	1.023 3	41.46	1.031 7

附录六　海洋潮汐简易计算方法

从事海水养殖，必须掌握潮汐涨落时间，使鱼、虾养殖池能及时进、排水，可利用"八分算潮法"近似算出。"八分算潮法"只要知道当地的高潮间隙和低潮间隙，就可以算出任何一天的高、低潮时间。高潮间隙与低潮间隙可在当地水文气象站查知。

"八分算潮法"的计算公式如下：

上半月高潮时 =（农历日期−1）×0.8 + 高潮间隙

下半月高潮时 =（农历日期−16）×0.8 + 高潮间隙

低潮时 = 高潮时 ±0.612（适用于海潮）

江潮或受河流影响的内湾的低潮时可用下面公式计算：

上半月低潮时 =（农历日期−1）×0.8 + 低潮间隙

下半月低潮时 =（农历日期−16）×0.8 + 低潮间隙

计算出的高潮时或低潮时 ±12.24就可以得出当天另一次高潮或低潮时间。

附录七　常见计量单位换算

长度：

1千米（公里，km）=1 000米（m）

1米（公尺，m）=100厘米（cm）

1厘米（cm）=10毫米（mm）

1毫米=1 000微米（μm）

1市尺*=1/3米

1市寸*=3.33厘米

1英寸*=2.54厘米

面积：

1公顷（hm^2）=100公亩（a）=15亩*

1公亩（a）=100平方米（m^2）

1平方米（m^2）=10 000平方厘米（cm^2）

1亩*=666.67平方米（m^2）

体积（容积）：

1立方米（m^3）=1 000 000立方厘米（cm^3）

1立方厘米（cm^3）=1 000立方毫米（mm^3）

1升（L）=1 000立方厘米（cm^3）=1 000毫升（mL）

1毫升（mL）=1 000微升（μL））

重量：

1吨（t）=1 000千克（千克，kg）

1千克（kg）=1 000克（g）

1克（g）=1 000毫克（mg）

1毫克（mg）=1 000微克（μg）

1微克（μg）=1 000毫微克（mμg或ng）

1毫微克（mμg或ng）=1 000微微克（pg）

*为非法定计量单位

附录八 DB44/T337—2006黄鳍鲷苗种培育技术规范
苗种培育技术

1 范围

本标准规定了黄鳍鲷（*Sparus latus* Houttuyn）苗种培育中的环境条件、鱼苗培育、鱼种培育、苗种质量、苗种运输、苗种质量检验方法。

本标准适用于黄鳍鲷鱼苗和鱼种的培育及质量评定。

2 规范性引用文件

下列文件中的条款通过本标准的引用而成为本标准的条款。凡是注日期的引用文件，其随后所有的修改单（不包括勘误的内容）或修订版均不适用于本标准，然而，鼓励根据本标准达成协议的各方研究是否可使用这些文件的最新版本。凡是不注日期的引用文件，其最新版本适用于本标准。

GB 11607 渔业水质标准

NY 5052 无公害食品 海水养殖用水水质

NY 5071 无公害食品 渔用药物使用准则

NY 5072 无公害食品 渔用配合饲料安全限量

SC/T 1008 池塘常规培育鱼苗鱼种技术规范

3 环境条件

3.1 培育用水

水源充足，注、排水方便。水质应符合GB11607的规定。养殖用水应符合NY5052的规定。苗种培育过程的水温以17～22℃为宜，盐度13～25为佳，pH值7.8～8.4，溶解氧5 mg/L以上。

3.2 培育池

室内苗种培育池面积以10～50 m²为宜，水深约1 m，应有微流水和充氧设备；室外池塘面积0.1～0.3 hm²，水深约1.2～1.5 m，备有定置网箱和围网。

4 鱼苗培育

4.1 培育条件的准备

育苗用砂滤水或二次沉淀水，水质要清新，育苗用水可培育小球藻，在15 d内维持$50×10^4$个细胞/mL左右。光照控制在1 000 lx以下。

4.2 鱼苗来源

由来自海区和人工养殖的成熟亲鱼进行人工繁殖的后代。

4.3 鱼苗放养

鱼苗培育应采用单养方式，放苗时应准确计数，一次放足。每立方米水体放养初孵仔鱼$1×10^4$～$2×10^4$尾。

4.4 饵料及投喂方法

孵化后第三天大部分仔鱼开口，此时开始投喂轮虫，轮虫密度保持5～15个/mL。每天投轮虫2次，投喂前计数轮虫密度。仔鱼23日龄前后投喂卤虫无节幼体，投饵密度0.5个/毫升，还可补充投喂小型桡足类。40日龄前后投喂鱼糜。

4.5 饲养管理

4.5.1 日常管理

育苗期间，每天测定水温、盐度、pH、溶解氧、氨氮、光照等各种环境因子，并作好记录。

4.5.2 水质管理

育苗前期5～6 d静水培养，以后逐步由微流水至流水，到第10 d换水50%～100%，第15天换100%～150%，第20天换150%～200%，第30 d开始换200%～300%。

4.5.3 分筛

黄鳍鲷在鱼苗培育过程中，生长速度不一，个体大小差异悬殊，自相残食严重。因此在鱼苗饲养时，要求个体大小尽量一致，培育过程必须及时过筛，按规格分级分池培育，减少自相残食以提高育苗成活率。

4.6 鱼苗育成规格

由初孵仔鱼培育至全长1.5厘米以上的规格。

5 鱼种培育

5.1 培育条件的准备

清池与肥水按 SC/T1008 的规定执行。消毒使用药物应符合NY5071的规定。鱼苗下塘前一天须用小型密网箱放养约10左右尾黄鳍鲷鱼苗试水，证实水中药性消失后才投放鱼苗。

5.2 鱼种来源

海区捕捞的天然鱼苗或按第4章培育的鱼苗。

5.3 鱼种消毒

鱼种出入池塘应进行检疫和药物消毒。

5.4 放养密度与分疏饲养

网箱、网围放养规格为全长1.5～2.5 cm鱼苗300～350尾/m²。经15～20 d培育成规格为全长2.5～4 cm，此时将鱼种分疏转入小土池饲养，放养密度为35～40尾/m²，饲养60～90 d可养成全长5～8 cm。

5.5 饲养管理

5.5.1 日常管理

需有专人值班，每天巡塘应不少于2次，清晨观察水色和鱼的动态，发现严重浮头或鱼病应及时处理。并做好水质、水温、投饲、摄食、换水及鱼苗状态的检查及记录。

5.5.2 投饲

5.5.2.1 投饲原则

应定时、定点、定量投喂，保证供给足够的饲料，让较小的鱼也能吃饱。每15天应将饲料台、饲料框、食场消毒一次。

5.5.2.2 饲料及投喂方法

视规格大小和驯食情况，投喂的饲料有低值冰鲜杂鱼虾、小贝类或配合饲料等，使用的饲料应符合NY5072的规定，动物性饲料应新鲜、清洁。日投饲2～3次，上午投饲与施肥时应注意水质与天气变化情况，下午清洗饲料台并检查吃食情况。

5.5.2.3 投饲量

日投饲量，低值冰鲜杂鱼虾、小贝类饵料为鱼体总重8%～10%，配合饲料则为鱼体总重3%～5%，根据生长和摄食情况及时调整投喂量。

5.5.3 水质管理

培育过程保持水质清新，每7～10 d注水一次，定期开动增氧机增氧。

5.5.4 疏苗

坚持定期按规格过筛分疏饲养，以保持密度适中、鱼种规格较为一致。

5.6 鱼种育成规格

由全长1.5厘米的鱼苗培育至全长5～8 cm的规格。

6 苗种质量

6.1 外观

体形正常，鳍条、鳞被完整，体表光滑，有黏液，色泽正常，游动活泼，摄食正常。

6.2 可数指标

畸形率小于1%，损伤率小于1%，带病率小于1%。

6.3 检疫

不带有任何传染性、危害大的疾病。

7 苗种运输

7.1 运输前苗种的处理

由海区捕获的苗种，要经过筛选，除去鱼体瘦弱和受伤的苗种。起运以前，应吊养2～3d，使苗种受到锻炼和排清粪便。

7.2 运输用水

装运苗种的用水应与吊养池水的盐度相接近，运输途中加水也要保持盐度相对稳定。

7.3 装运密度

一般一个350 kg容积的大木桶，可装全长1.5 cm的鱼种$5 \times 10^4 \sim 6 \times 10^4$尾，或全长2.5 cm的鱼种$3 \times 10^4 \sim 4 \times 10^4$尾。装运密度要随水温、路程、时间及运输技术而调整。

7.4 增氧

运输途中的需增氧，可采用人工击水、机械增氧或氧气瓶充氧等方法。

7.5 到达目的地后的处理

鱼苗运抵后在下池之前，要调好水温、盐度，使其不能与运输用水相差太大。苗种卸下后先进行清洗，在池中吊养，让鱼苗休息1~2 h，再清理死鱼和污物，然后点数移往放养池。

8 苗种质量检验方法

8.1 取样

每批苗种随机取样应在100尾以上；鱼种可量指标测量取样在30尾以上。

8.2 全长测量

用标准量具逐尾量取吻端至尾鳍末端的直线长度。

8.3 称量

吸去苗种体表水分，用天平称重。

8.4 畸形率与损伤率

用肉眼观察计数。

8.5 疾病

按鱼病常规诊断方法检验。

附录九　DB44/T338—2006黄鳍鲷苗种培育技术规范 食用鱼饲养技术

1　范围

本标准规定了黄鳍鲷（*Sparus latus* Houttuyn）食用鱼饲养的环境条件、池塘饲养、网箱饲养、鱼病防治和检疫技术。

本标准适用于黄鳍鲷食用鱼的饲养。

2　规范性引用文件

下列文件中的条款通过本标准的引用而成为本标准的条款。凡是注日期的引用文件，其随后所有的修改单（不包括勘误的内容）或修订版均不适用于本标准，然而，鼓励根据本标准达成协议的各方研究是否可使用这些文件的最新版本。凡是不注日期的引用文件，其最新版本适用于本标准。

GB/T 18407.4 农产品安全质量 无公害水产品产地环境要求

NY 5051 无公害食品 淡水养殖用水水质

NY 5052 无公害食品 海水养殖用水水质

NY 5071 无公害食品 渔用药物使用规则

NY 5072 无公害食品 渔用配合饲料安全限量

SC/T 1006 淡水网箱养鱼通用技术要求

SC/T 1007 淡水网箱养鱼操作技术规程

SC/T 2013 浮动式海水网箱养鱼技术规范

DB44/T 337-2006 黄鳍鲷养殖技术规范 苗种培育技术

《水产养殖质量安全管理规定》 中华人民共和国农业部令（2003）第[31]号

3　环境条件

3.1　水源

水源应符合 GB/T 18407.4 的要求。

3.2 水质

饲养用水应分别符合 NY 5052 和 NY 5051 的规定，水体溶解氧应在5 mg/L以上。

3.3 池塘条件

饲养场应选择在靠近海岸，不受污染，进排水设计合理，交通方便的地方。池塘土壤应符合 GB/T18407.4 的要求，底部平坦，有一定坡度，以便排水，底质为沙泥底，不渗水，塘基坚实不漏水。精养池塘一般面积为0.5～1 hm²，中间培育池面积为0.2～0.3 hm²，长宽比为1∶0.6为宜，水深1.8～2.5 m。

4 池塘饲养

4.1 鱼种来源

从海区捕捞的天然鱼种或通过人工育苗获得的鱼种。

4.2 鱼种质量

应符合DB44/T 338-2006的规定。

4.3 饲养条件的准备

放养前，池塘需清塘、晒塘和消毒，以杀灭野生鱼虾。装好闸门后进水，并施肥培养饵料生物，保持良好水色。适宜水温为17～30℃，池底宜设置一定密度的隐蔽物，应设置双层拦鱼闸网，网目尺寸为0.5 mm，以防逃鱼。还应配备增氧机。

4.4 饲养方式

黄鳍鲷的池塘饲养方式可分为单养、混养和搭配饲养三种方式。混养的种类有篮子鱼、鲻鱼、金钱鱼等；搭配饲养一般是主养黄鳍鲷，搭配放养一个种类，如笛鲷类、鲈鱼和鲳鲹等。

4.5 放养规格和密度

放养全长5 cm以上黄鳍鲷鱼种。进行池塘单养的放养密度为1.5×10⁴～2.2×10⁴尾/hm²；混养黄鳍鲷占总量的60%左右，其他鱼类占40%左右；搭配饲养黄鳍鲷占总量的80%，搭配种类占20%；应根据实际情况灵活掌握。

4.6 饲养管理

4.6.1 投饲

4.6.1.1 饲料要求

饲料的种类包括鲜杂鱼虾、小贝类和人工配合浮性颗粒饲料等，配合饲料应符合NY 5072的规定，鲜杂鱼虾和小贝类应清洁、卫生、无毒、无害、无污染。

4.6.1.2　投饲方法

每天投喂两次，上午和下午各一次。鲜活动物性饲料时日投饲量为鱼体质量的8%~10%；投喂配合饲料时，日投饲量为鱼体质量的3%~4%，并添加少量鲜杂鱼虾混合投喂。水温低于17℃或高于30℃时应适当减少投喂次数和投喂量。要定点、定时、定量投喂。

4.6.2　水质管理

保持水质清新，每隔7~10 d换水或加注新水一次，每次换水量为50%~100%；高温季节加大换水次数和换水量。

4.6.3　日常管理

每天巡视鱼塘，观察池水水位、水质、水色变化情况和鱼群的摄食、活动情况，若遇水中缺氧应适时开动增氧机；检查进出水口设施和塘坝，防止逃鱼；发现病鱼和死鱼应及时捞起并掩埋；根据鱼的生长等实际情况，调整放养密度。

4.6.4　生产记录

在养殖全过程中，养殖、药物使用等应填写记录表，表格按《水产养殖质量安全管理规定》中附件1和附件3要求填写。

5　网箱饲养

5.1　养殖水域的选择

海水网箱养殖水域应符合SC/T 2013的规定，水质应符合NY 5052的规定；淡水网箱养殖水域应符合SC/T 1006的规定，水质应符合NY 5051的规定；溶氧量应保持在5 mg/L以上。

5.2　网箱的选择和设置

海水网箱应符合SC/T 2013的规定，淡水网箱应符合SC/T 1006的规定。

5.3　鱼种质量

按4.2执行。

5.4　放养规格和密度

全长2.5~4 cm的黄鳍鲷鱼种，放养密度一般为30~50 尾/m³。整个饲养过程要及时调整饲养密度，保持存池鱼体质量为8～10 kg/m³，在水域环境较好和管理水平较高的条件下，最大可达20 kg/m³。

5.5　饲养管理

5.5.1　投饲

5.5.1.1　饲料要求

按4.6.1.1执行。

5.5.1.2　投饲方法

参照4.6.1.2执行。

5.5.2　日常管理

应经常清洗网箱，清理附着物。发现网箱破损应及时修补或更换，技术操作按 SC/T 1007 和SC/T 2013的规定执行；应定期更换网箱，在个体体质量小于30 g 的鱼种阶段，网目尺寸为0.5 cm；体质量30～50 g时，网目1 cm；体质量51～150 g 时，网目2.5 cm；体质量大于150 g时，网目3.75 cm。台风来临前及台风过后要检查网箱框架、锚绳、桩子等的牢固程度，发现问题及时采取加固措施。

5.5.3　生产记录

按4.6.4执行。

6　鱼病防治

6.1　预防

6.1.1　池塘消毒

苗种放养前应清塘、消毒。清塘方法及消毒药物用量应符合 SC/T 1008 和 NY 5071 的规定。

6.1.2　鱼种消毒

鱼种放养、分箱或换箱时，应对鱼种进行消毒。淡水饲养可用3%～5%的氯化钠溶液浸泡5～10 min，海水饲养可用5 mg/L的高锰酸钾溶液或1%的聚维酮碘（PVP-1）浸泡10～15 min。

6.1.3　水体消毒

饲养期间，每隔30 d用生石灰全池泼洒一次，每次用量为150～375 kg/hm²；或每隔15 d全池泼洒漂白粉，浓度为1 mg/L。

6.2 常见病害的防治

黄鳍鲷常见病害防治方法见表1，休药期及其他渔药使用方法按NY 5071的规定执行。

表1 黄鳍鲷常见病害防治方法

鱼病名称	症 状	流行季节	防治方法	注意事项
突眼症	发病初期，体表无损伤，也无异常现象，但眼球产生白内障，瞳孔放大，后水晶体充血突出，随着病情发展，眼球脱落	主要发生于6—10月	土霉素：25～30 mg/kg体重，每2～3 d投喂一次，疗程7～9 d，对防治各种细菌性病有效。四环素和金霉素：30～40 mg/kg体重，疗程7 d	勿用金属容器盛装
体表溃烂病	鳍条等发病部位产生黏液，充血，鳍条发红和散开，随着病情发展，患部溃烂，表皮脱落，出血，严重者肌肉外露，不摄食，多在水面晃游	主要发生于10月至翌年5月	预防：高锰酸钾：8～10 mg/L，浸泡3～5 min。治疗：土霉素：20 mg/L药浴3～4 h，连续2 d；每千克鱼体重用50 mg土霉素拌饲投喂，连续5～10 d	勿与铝、镁离子及卤素、碳酸氢钠、凝胶合用，避免在强烈阳光下使用高锰酸钾
锚头蚤病	病原体主要寄生于鳃部和头部，有时体表两侧也有发现	每年10月至翌年4月发病较严重	高锰酸钾：浸浴：10～20 mg/L，15～30 min；全池泼洒：4～7 mg/L	避免在强烈阳光下使用
巴斯德氏菌病	病鱼沉卧箱底。肛门附近红肿突出，消化道内膜充血，并有黄色黏液，肝脏有许多白点，病发不久即死亡	主要发生在水温较高的8—10月	磺胺嘧啶：100～200 mg/kg体重，每2～3 d投喂一次（与饲料混合），疗程7～9 d	第一天药量加倍

7 检疫

食用鱼经检疫部门检疫合格后方可出池销售。

附录十　DB44/T391—2006
无公害食品 黄鳍鲷

1　范围

本标准规定了无公害食品黄鳍鲷的要求、试验方法、检验规则、标志、包装、运输与贮存。本标准适用于黄鳍鲷（*Sparus latus* Houttuyn）的活鱼和鲜鱼。

2　规范性引用文件

下列文件中的条款通过本标准的引用而成为本标准的条款。凡是注日期的引用文件，其随后所有的修改单（不包括勘误的内容）或修订版均不适用于本标准，然而，鼓励根据本标准达成协议的各方研究是否可使用这些文件的最新版本。凡是不注日期的引用文件，其最新版本适用于本标准。

GB/T 5009.11 食品中总砷及无机砷的测定

GB/T 5009.12 食品中铅的测定

GB/T 5009.15 食品中镉的测定

GB/T 5009.17 食品中总汞及有机汞的测定

NY 5052 无公害食品 海水养殖用水水质

SC/T 3015 水产品中土霉素、四环素、金霉素残留量的测定

SC/T 3016-2004 水产品抽样方法

SN 0208 出口肉中十种磺胺残留量检测方法

3　要求

3.1　感官要求

3.1.1　活鱼感官要求

3.1.1.1　游动活泼，无病态；无畸形。

3.1.1.2　具有黄鳍鲷鱼正常的体色和光泽，具有黄鳍鲷鱼固有气味，无异味。

3.1.2　鲜鱼感官要求

鲜鱼感官要求见表1。

表1 感官要求

项目	指标
外观	鳞被完整、鳞片紧贴，体色正常，有光泽；无疾病症状；无畸形
鳃	鳃丝清晰，呈鲜红色，黏液透明
眼球	眼球饱满，角膜清晰
气味	具有黄鳍鲷鱼固有气味，无异味
组织	肌肉坚实，富有弹性，内脏完整、无腐烂

3.2 安全指标

安全指标见表2。

表2 安全指标

项目	指标
甲基汞，毫克/千克	≤0.5
无机砷，毫克/千克	≤0.1
铅，毫克/千克	≤0.5
镉，毫克/千克	≤0.1
土霉素，微克/千克	≤100
磺胺类（以总量计），微克/千克	≤100
注：其他兽药、农药应符合国家和广东省有关规定	

4 试验方法

4.1 感官检验

4.1.1 在光线充足，无异味的环境中，将样品置于白色搪瓷盘或不锈钢工作台上检查外观、气味、组织；当外观、气味、组织不能判定产品质量时，进行水煮试验。

4.1.2 水煮试验：在容器中，加入500 mL，将水烧开后，取约100 g用清水洗净的鱼，切块（不大于3 cm×3 cm），放于容器中，加盖，煮5 min后，打开盖，闻气味，品尝肉质。

4.2 甲基汞的测定

按GB/T 5009.17的规定执行。

4.3 无机砷的测定

按GB/T 5009.11的的规定执行。

4.4 铅的测定

按GB/T 5009.12的规定执行。

4.5 镉的测定

按GB/T 5009.15的规定执行。

4.6 土霉素的测定

按SC/T 3015的规定执行。

4.7 磺胺类（以总量计）的测定

按SN 0208的规定执行。

5 检验规则

5.1 组批规则与抽样方法

5.1.1 组批规则

活鱼以同一鱼池、同一网箱或同一养殖场中养殖条件相且同时收获的产品为一检验批；鲜鱼以来源及大小相同的产品为一检验批。

5.1.2 抽样方法

按SC/T 3016的规定执行。

5.1.3 试样制备

用于安全指标检验的样品：至少取3尾鱼清洗后，去头、骨、内脏，取肌肉等可食部分搅碎混合均匀后备用：试样量为400 g，分为两份，一份用于检验，另一份作为留样。

5.2 检验分类

产品检验分为出厂检验和型式检验。

5.2.1 出厂检验

每批产品必须进行出厂检验。出厂检验由生产者执行,检验项目为感官检验。

5.2.2 型式检验

有下列情况之一时应进行型式检验。检验项目为本标准中规定的全部项目。

a)申请使用无公害农产品标志时;

b)新建养殖厂养殖的产品;

c)当养殖条件发生变化,可能影响产品质量时;

d)有关行政主管部门提出进行型式检验要求时;

e)出场检验与上次型式检验有较大差异时;

f)正常生产时,每年至少一次的周期性检验。

5.3 判定规则

5.3.1 感官检验所检项目应全部符合本标准3.1的规定,结果的判定按SC/T3016-2004表1的规定执行。

5.3.2 安全指标的检验结果中有一项指标不合格,则判本批产品不合格,不得复验。

6 标志、包装、运输、贮存

6.1 标志

按无公害农产品标志的有关规定执行;在产品标志上,应标明产品名称、生产单位名称及地址、产地、出厂日期等。

6.2 包装

6.2.1 包装材料

所用包装材料应有足够的强度、洁净、无毒、无异味。

6.2.2 包装要求

6.2.2.1 活鱼

活鱼暂养的水质应符合NY 5052的规定,保证所需氧气充足。

6.2.2.2　鲜鱼

鲜鱼应装于洁净的鱼箱或保温箱中；保持鱼体温度在0～4℃；确保鱼的鲜度及鱼体的完好。

6.3　运输

6.3.1　活鱼运输应保证所需氧气充足，或达到保活运输需要的相关的有条件。

6.3.2　鲜鱼用冷藏或保温车船运输，保持鱼体温度在0～4℃。

6.3.3　运输工具应清洁卫生，无异味，运输途中防止日虫害、有害物质的污染、不得靠近或接触腐蚀性物质。

6.4　贮存

6.4.1　活鱼暂养用水应符合NY 5052的要求，所需氧气充足，温度适宜。必要时采取降温措施。

6.4.2　鲜鱼贮存时应保持鱼体温度在在0～4℃；贮存环境应清洁、无毒、无异味、无污染。符合卫生要求。

附录十一　筛网目数–孔径对照表

筛网目数	筛网孔径（微米）	筛网目数	筛网孔径（微米）
30	600	460	30
35	500	540	26
40	425	650	21
45	355	800	19
50	300	900	15
60	250	1 100	13
70	212	1 300	11
80	180	1 600	10
100	150	1 800	8
120	125	2 000	6.5
140	106	2 500	5.5
150	100	3 000	5.0
170	90	3 500	4.5
200	75	4 000	3.4
230	63	5 000	2.7
270	53	6 000	2.5
325	45	7 000	1.25
400	38		

主要参考文献

陈世杰, 叶金聪, 洪幼环, l990. 黄鳍鲷育苗池饵料浮游生物分析. 福建水产, (2) :42-45.

赤崎正人, 時任明男, 1982. キチヌの種苗生産に関する基礎的研究-Ⅱ卵発生る仔魚の形態変化. 水産増殖, 29(4):218-228.

邓思平, 刘楚吾, 2004. 黄鳍鲷不同组织同工酶的研究. 海洋通报, 23(2):92-96.

堕熊塑, 陈鹏云, 1996. 真鲷、黄鳍鲷配合饲料的研究. 中国饲料, (18): 21-24.

费鸿年, 郑修信, 1964. 广东鱼塭纳苗种类组成和纳苗量的季节变化. 水产学报, 1(1-2):61-84.

高晓霞, 2015. 黄鳍鲷：五鱼混养, 养出好收成. 海洋与渔业, (9):34-35.

高晓霞, 2015. 珠海金湾区黄鳍鲷混养南美白对虾助力渔业升级. 海洋与渔业, (10):144-145.

高晓霞, 2020. 广东水产美食地图—珠海水产业的又一名片. 海洋与渔业, (1):33.

韩师昭, 朱艾嘉, 叶海辉, 等, 2008. 五种海洋鱼类消化道G细胞的定位. 海洋科学, 32(1):52-55.

何大仁, 徐永淦, 1993, 五种海水鱼视网膜结构的比较, 台湾海峡, 12(4):343-350.

何大仁, 周仕杰, 刘理东, 等, 1985. 几种幼鱼视觉运动反应研究. 水生生物学报, 9(4):365-373.

贺颂茹, 2012. 黄鳍鲷健康池塘养殖技术. 安徽农学通报, 18(12):44(转46).

洪万树, 张其永, 倪子绵, 1991. 西埔湾黄鳍鲷精子发生和形成. 水产学报, 15(4):302-307.

洪万树, 张其永, 郑建蜂, 等, 1991. 港养黄鳍鲷性腺发育和性转变研究. 台湾海峡, 10(3):221-228.

黄巧珠, 区又君, 喻达辉, 等, 1999. pH 对4种鲷鱼精子活力的影响. 湛江海洋大学学报, 19(3):14-16.

黄晓荣, 章龙珍, 庄平, 等, 2008. 黄鳍鲷精子主要生物学特性的研究. 热带海洋学报, 27(2):54-59.

黄雪梅, 2003. 黄鳍鲷淡水驯养试验. 淡水渔业, 33(2):38-39.

江世贵, 李加儿, 区又君, 2000. 四种鲷科鱼类的精子激活条件与其生态习性的关系. 生态学报, 20(3):468-473.

江世贵, 李加儿, 区又君, 等, 1998. 南海区4种鲷鱼精子的适盐性比较. 湛江海洋大学学报, 18(4):21-25.

江世贵, 苏天凤, 夏军红, 等, 2012. 中国近海鲷科鱼类种质资源及其利用. 北京:海洋出版社.

李加儿, 1994. 中国南海海域におけゐ鱼类の增殖放流の概况. 海洋水产资源の培养に关すゐ研究者协议会论文集-I. 东京：财团法人 日本国海外渔业协力财团, 312~318.

李加儿, 1996. 黄鳍鲷养殖 //中共广东省委组织部, 广东省科学技术协会. 海水养殖实用技术.广州：广东科技出版社：16-24.

李加儿, 2003. 我国海水鱼类养殖现状及健康亲鱼养殖和种苗培育. 第14届中日韩海洋资源培养科技人员研讨会论文集, 1-15.

李加儿, 2005. 黄鳍鲷的人工繁育//麦贤杰, 黄伟健, 叶富良, 李加儿, 王云新. 海水鱼类繁殖生物学和人工繁育. 北京: 海洋出版社: 222-231.

李加儿, 区又君, 2000. 深圳湾沿岸池养黄鳍鲷的繁殖生物学. 浙江海洋学院学报（自然科学版）19(2):139-143.

李加儿, 区又君, 2003. 我国海水鱼类种苗生产现状及发展途径探讨. 南海海洋渔业可持续发展研究, 北京: 科学出版社, 18-24.

李加儿, 区又君, 刘匆, 等, 2009. 黄鳍鲷和尼罗罗非鱼鳃丝表面结构扫描电镜观察. 南方水产, 5(4): 26-30.

李加儿, 郑建民, 许波涛, 等, 1985. 黄鳍鲷Sparus latus Houttuyn 幼鱼耗氧率的初步研究. 生态科学, (1):62-66.

李加儿, 周宏团, 许波涛, 等, 1985. 黄鳍鲷Sparus latus Houttuyn 生长的初步研究. 华南师范大学学报（自然科学版）, (1):114-121.

李希国, 2005. 环境因子对黄鳍鲷Sparus latus Houttuyn消化酶活力的影响. 上海: 上海水产大学硕士学位论文.

李希国, 李加儿, 区又君, 2005. pH值对黄鳍鲷主要消化酶活性的影响. 南方水产, 1(6);18-22.

李希国, 李加儿, 区又君, 2005. 黄鳍鲷主要消化酶活性在消化道不同部位的比较研究. 海洋水产研究, 26(5):34-38.

李希国, 李加儿, 区又君, 2005. 鱼类主要消化酶研究进展. 海水生态养殖理论与技术论文集. 北京: 海洋出版社, 155-159.

李希国, 李加儿, 区又君, 2006. 温度对黄鳍鲷主要消化酶活性的影响. 南方水产2(1) ;43-48.

李希国, 李加儿, 区又君, 2006. 盐度对黄鳍鲷幼鱼消化酶活性的影响及消化酶活性的昼夜变化. 海洋水产研究, 27(1):40-45.

梁炽锋, 赖宝桃, 2012. 黄鳍鲷指环虫病的防与治. 当代水产, (12):57.

林加涵, 刘丽莎, 1989. 黄鳍鲷染色体组型的初步研究. 台湾海峡, 8(2):162-166.

刘丽莎, 杨俊蕙, 林加涵, 等, 1991. 黄鳍鲷染色体组型的研究. 动物学杂志, 26(1): 14-16.

罗舜炎, 麦贤杰, 1983. 黄鳍鲷幼苗的捕捞与运输. 广东水产学会学术论文汇编（五）海水养殖专辑: 43-46.

区又君, 1998. 我国海水经济鱼类苗种生产向产业化发展存在的问题及对策. 中国水产(12):9.

区又君, 1998. 我国海水鱼类苗种生产的现状及展望. 南海资源开发研究—南海海洋资源开发利用与可持续发展战略研讨会论文集. 广州: 广东经济出版社, 649-660.

区又君, 2008. 黄鳍鲷的人工繁殖. 海洋与渔业, (7):30-31.

区又君, 2013. 黄鳍鲷. 中华人民共和国农业部渔业局, 全国水产技术推广总站编: 渔业主导品种和主推技术. 北京：中国农业出版社, 15-16.

区又君, 李加儿, 江世贵, 等, 2015. 卵形鲳鲹 花鲈 军曹鱼 黄鳍鲷 美国红鱼高效生态养殖新技术. 北京：海洋出版社:97-126.

区又君, 李加儿, 周宏团, 2000. 鲷科鱼类属远缘杂交的发育和生长. 中国水产科学, 7(2): 110-112.

施晓峰, 史会来, 楼宝, 等. 2012. 黄鳍鲷生物学特性及人工繁养现状. 河北渔业, (1): 52-55.

施泽博, 许鼎盛. 黄苏霞, 等, 1984. 黄鳍鲷人工繁殖及育苗的研究. 福建水产, (4):90.

施泽博, 许鼎盛, 黄苏霞, 等, 1987. 黄鳍鲷人工繁殖及育苗的研究. 福建水产, (1):1-13.

苏天凤, 吕俊霖, 江世贵, 2002. 黄鳍鲷肌肉生化成分分析和营养品质评价. 湛江海洋大学学报, 22(6):10-14.

王红勇, 2016. 斑节对虾与黄鳍鲷混养技术. 科学养鱼, (5):42.

王永翠, 2012. 黄鳍鲷消化道生长发育特征和野生与养殖成鱼组织学及组织化学研究. 上海:上海水产大学硕士学位论文.

王永翠, 李加儿, 区又君, 等, 2012. 黄鳍鲷仔、稚、幼鱼消化道形态组织学观察. 南方农业学报, 43(8):1212-1217.

王永翠, 李加儿, 区又君, 等, 2012. 野生与养殖黄鳍鲷消化道中黏液细胞的类型及分布. 南方水产科学, 8(5):46-51.

王永翠, 李加儿, 区又君, 等, 2012. 野生与养殖黄鳍鲷味蕾的组织结构研究. 广东农业科学, 39(15):137-139.

卫浩文. 2002. 黄鳍鲷的连片高产高效养殖. 水产科技, (1): 31-33.

徐永淦, 何大仁, 1990. 黄鳍鲷视网膜结构和超微结构的研究. 海洋与湖沼, 21(6):544-549.

许波涛, 1983. 海水养鱼的优良品种——黄鳍鲷. 海洋科学, (1):57-58.

许鼎盛 王秋荣, 1991. 黄鳍鲷胚胎及仔、稚、幼鱼发育观察. 厦门水产学院学报, 13(2):10-18.

严天鹏, 2011. 黄鳍鲷与南美白对虾混养技术. 渔业致富指南, (24):47-49.

杨青, 叶海辉, 黄辉洋, 等, 2005. 黄鳍鲷消化道内分泌细胞的免疫组化定位. 海洋通报, 24(4):87-90.

杨太有, 李仲辉, 2008. 二长棘鲷和黄鳍鲷骨骼系统的比较. 广东海洋大学学报, 28(3):1-5.

余德光, 黄志斌, 陈毕生, 2011. 海水鱼病诊治技术. 福州：福建科学技术出版社.

张邦杰, 梁仁杰, 毛大宁, 等, 1997. 河口近鲻、鲷鱼类池养技术研究. 水产科技, (4):8-10(转4).

张邦杰, 梁仁杰, 毛大宁, 等, 1998. 黄鳍鲷的池养生长特性及其饲养技术（续）. 水产科技, (2):19-22.

张邦杰, 梁仁杰, 毛大宁, 等, 1998. 黄鳍鲷的池养生长特性及其饲养技术. 上海水产大学学报, (2):107-114.

张春禄, 陈超, 李炎璐, 等, 2015, 不同光照条件下黄鳍鲷仔鱼摄食行为及其规律初探. 中国海水养殖科技进展论文集,北京：海洋出版社: 193-198.

张克烽, 2012. 虾池菊花江蓠高产高效养殖技术. 科学养鱼, (3):43-44.

张其永, 洪万树, 陈志庚, 等, 1991. 西埔湾港养黄鳍鲷年龄、生长和食性研究. 台湾海峡, 10(4):364-372.

张其永, 洪万树, 倪子绵, 1993. 东山岛西埔湾港养黄鳍鲷卵膜和退化卵母细胞的超微结构, 台湾海峡, 12(1):75-80.

郑石勤, 2014. 慢工出细活的黄鳍鲷, 水产前沿, (1): 64-69.

郑微云, 杨玻琍, 王艺磊, 等, 1993. 黄鳍鲷嗅觉器官组织结构研究. 32(增1):144-148.

郑运通, 马荣和, 许波涛, 等, 1986. 黄鳍鲷的胚胎和仔稚幼鱼的形态发育观察. 水产科技情报 (4):1-3.

郑运通, 马荣和, 许波涛, 等, 1986. 黄鳍鲷人工繁殖与育苗技术的研究. 海洋渔业 8(5):205-208.

钟焕荣, 2002. 虾池黄鳍鲷、缢蛏、虾混养技术. 中国水产, (9): 54.

周仕杰, 何大仁, 吴清天, 1993. 几种幼鱼曲线游泳能力的比较研究. 海洋与湖沼, 24(6): 621-626.

朱友芳 , 许玉德, 林加涵, 2001. 黄鳍鲷LDH同工酶的组织特异性研究. 台湾海峡, 20(3):386-389.

AHMAD SAVARI, ALIAKBAR HEDAYATI, ALIREZA SAFAHIEH, et al. , 2011. Characterization of blood cells and hematological parameters of yellowfin sea bream (*Acanthopagrus latus*) in some creeks of Persian Gulf. World Journal of Zoology 6 (1): 26-32,

ALIAKBAR HEDAYATI, KHEYROLLAH KHOSRAVI KATULI, 2016. Impact of mercury on liver and ovary of yellowfin sea bream (*Acanthopagrus latus*) in the Persian Gulf. ECOPERSIA, 4 (1): 1295 -1312

AL-SALIM N K, JASSIM A A R, 2013. *Acanthopagrus latus* (Houttuyn, 1782) (Perciformes: Sparidae) a new host for the trematode *Erilepturus hamati* (Yamaguti, 1934) Manter, 1947 in Iraqi marine waters. Basrah J. Agric. Sci. 26: 172-177.

DONG X H, YE Y Z, WU Q J, 1998. Spermiogenesis in the yellowfin porgy (*Sparus latus* Houttuyn), with emphasis on the associated mitochondrion. Chinese Journal Oceanology and Limnology, 16(2): 144-148.

GWO H H, 2008. Morphology of the fertilizable mature egg in the *Acanthopagrus latus*, *A. schlegeli and Sparus sarba* (Teleostei: perciformes: sparidae) Journal of Microscopy, 232(3):442-452.